JN312396

木の魅力

阿部　勲・大橋英雄・作野友康　著

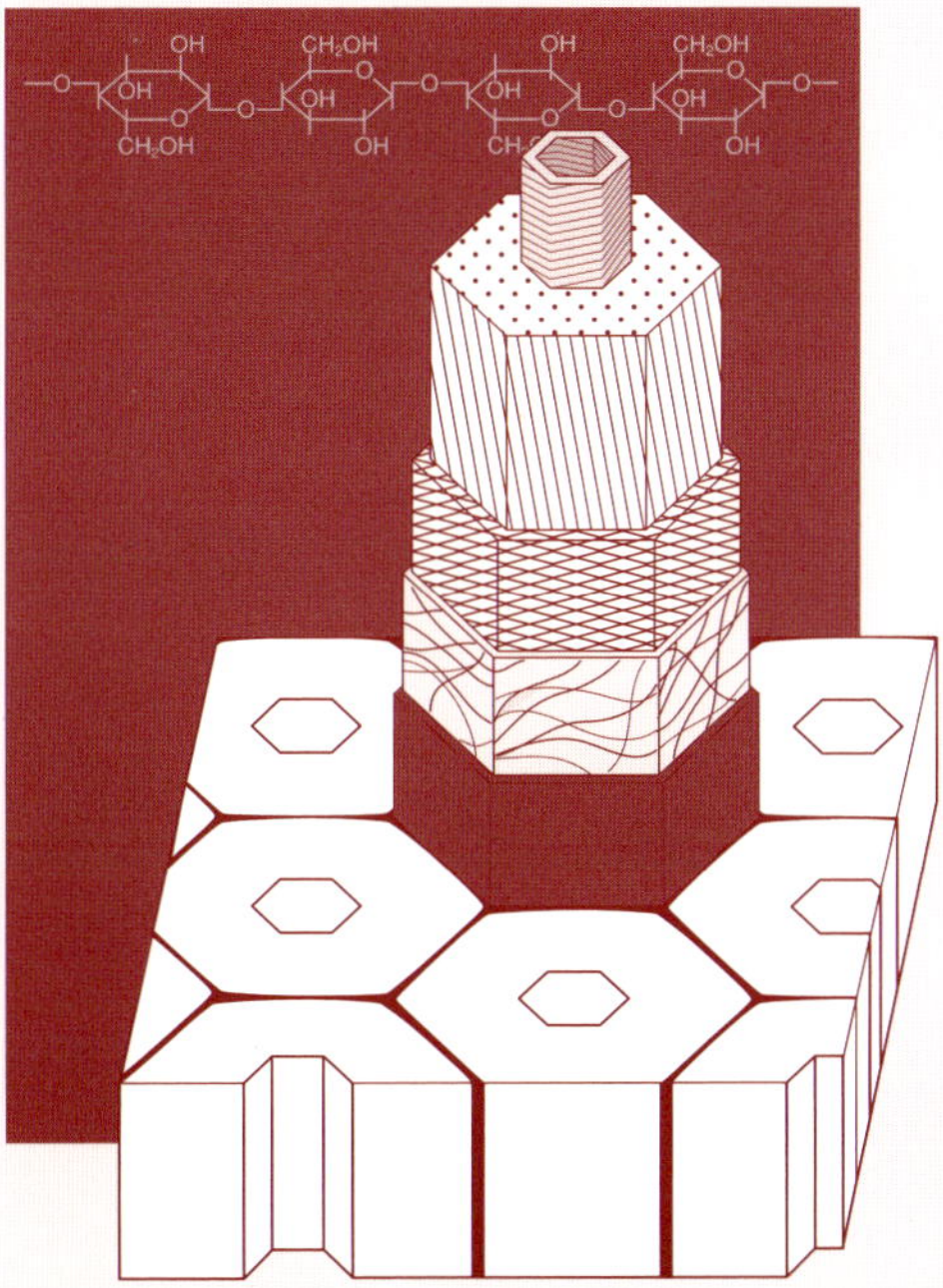

海青社

はじめに

人口爆発や資源の枯渇、あるいは環境汚染問題などが大きく取りざたされており、いままでのような市場拡大路線のままでは、われわれの住む地球丸は沈没するのではないかと危惧されています。十八世紀後半の産業革命以来の世界人口の急増と〝生活の豊かさ〟を目指した人間活動に起因して、地球の温暖化や環境汚染が進み、さらには資源・食糧問題まで波及してきています。

エネルギー・資源・環境の問題に対処する方策として、「バイオリージョン（生命地域）」・「グリーンケミストリー（地球にやさしい化学）」のような考え方が提唱され、また潤沢な消費活動によって生じた廃棄物問題解決のために〝4R作戦〟、すなわち「ゴミになるものは使用しない（Refuse）、減量化（Reduce）、再利用（Reuse）および再資源化（Recycle）」を指針として「ごみゼロ社会実現」のために最大の努力がはらわれております。

このような社会状況にあって大切なことは、莫大な資本投下による大規模再生施設の建設やライフコストを無視したエコ商品の購入促進策ではありません。個々人が自然との共生理念に基づく〝もったいない精神〟を十分に認識し、再生可能資源による環境にやさしい生活必需品の産出、4R思想の実現にむけての努力が大切になります。日本の住宅政策も、新築住宅の提供に主力をおいたフロー（消費）型から、品質を保証した中古住宅の流通を促進するストック（長寿命）型へと転換したと言われています。現存するものを大切に扱うという考えに基づくものでしょう。

必需品の再利用や効率的利用法を模索するためには、使用材料の特性を十分に理解しておくことが重要となりますし、消費者も廃棄物の行方を監視し続けることが大切なことになります。

本書は炭酸ガスの固定などの環境保全機能をもつ森林や森林から供給される樹木についての話題を取りまとめ、多くの人々の環境・再生可能資源についての理解を深めることを意図したものです。本書第一～三編では暮らしと森林や樹木との係わり、第四～六編は森林主要産物である樹木の性質と利用法について述べました。また特徴のある樹木を取り上げて、コラムとして各所にちりばめました。少し堅い話の後の息抜きにお読み下さい。

なお、各話題とも現状の社会情勢と資源環境問題に対処するために最も大切な理念は〝もったいない精神〟であるとの共通認識のもとで、筆者それぞれ自由な形式で私見を加えながら記述するよう心がけました。従ってここに述べたそれぞれの話題は関連性がありますが、前後関係はありません。ページをめくって興味のある話題から目を通してください。

環境資源である森林や樹木について想いを巡らせる一助になることを願っております。

二〇〇九年秋

阿部　勲

木の魅力——目次

おもしろ木のあれこれ

第1編　森林とヒト①——人間生活とのかかわり

第1話　森と衣 ── 草木布

森からの産物は太古から人類の「衣」とも深くかかわり、「草木布」や「草木染」などとして人々に多くの恩恵をもたらしてきています。近年でも草木染めについての関心は高く、さらに草木染めの欠点である色落ちのしない技術が開発されたり、草木布の一つであるカラムシ(表1参照)から作られたシャツがクールビズ用としてブランド化されています。

木綿布が普及する以前には、カラムシ・イラクサ・アマなどと同じようにシナノキ・クワなど木本類†内樹皮(二次師部)の構成要素である「じん皮(靭皮)繊維」を原料とした草木布を万葉の時代から用いていました。

●衣料としての樹木繊維

木の幹の中心に髄心が通り、その周辺にある木部の外周を内・外樹皮がとりまいています。外樹皮は死滅した二次師部で外界の熱や機械的な攻撃から樹体を保護し、内樹皮は主に生きている組織細胞であって光合成成分の運搬や貯蔵の役目を果たしています。裸子植物や被子植物、特に双子葉

表 1　草木布および和紙の有用原料樹種*

樹　種	目	科	属
オヒョウ	いらくさ	にれ	ニレ
ハルニレ**	いらくさ	にれ	ニレ
エルム**	いらくさ	にれ	ニレ
カジノキ***	いらくさ	くわ	コウゾ
コウゾ	いらくさ	くわ	コウゾ
カラムシ****	いらくさ	いらくさ	カラムシ
アサ	いらくさ	くわ	アサ
ミツマタ	じんちょうげ	じんちょうげ	ミツマタ
ガンピ	じんちょうげ	じんちょうげ	ガンピ
シナノキ	あおい	しなのき	シナノキ
クズ	ばら	まめ	クズ

注) * 全樹種とも“被子植物亜門―双子葉植物網―離弁花亜網”に属する。
** 関連樹種
*** カジ：カジノキの古名(梶・楮)。中国：楮(チョ)、構(コウ)、穀(コウ)。メラネシア・ポリネシア：タバ、ハワイ：カバ
**** カラムシ：和名は茎を蒸して皮を剥ぎ取ることにちなむ。韓名は苧麻(ちょま)

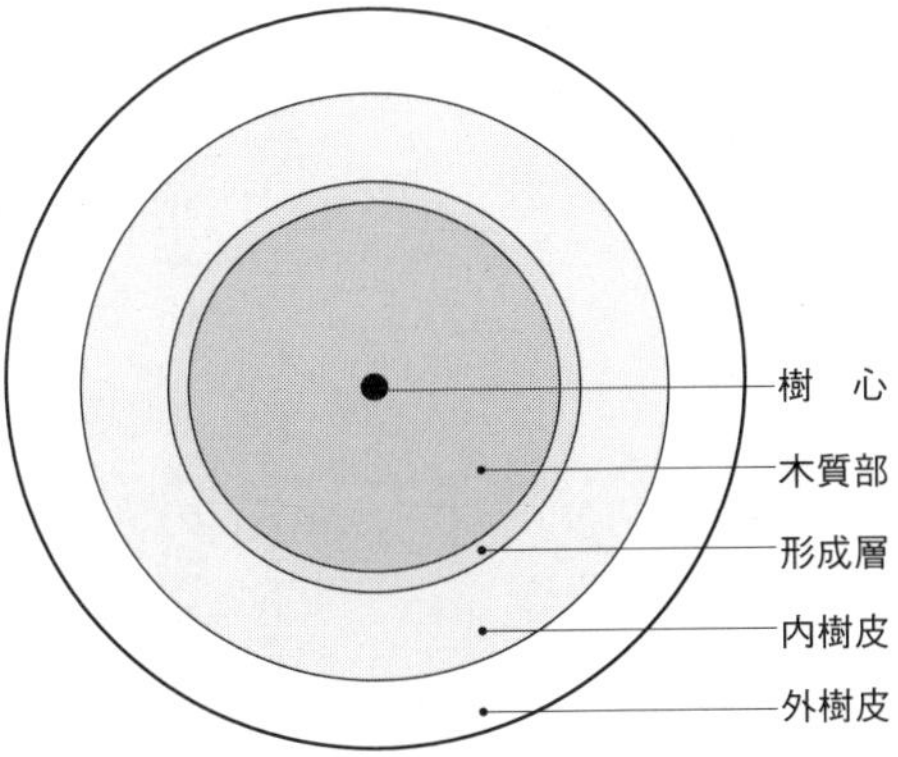

図 1　樹幹の模式図

木本類植物の内樹皮にはじん皮繊維が存在しており、組織の強じん性に寄与しています。このじん皮繊維は木部繊維よりきわめて細長い良質な繊維材料であって、草木布や和紙の原料として活用されてきました。

草木布や和紙の原料としてつかわれる主な樹種と関連する植物を**表1**に示しましたが、いずれも分類学上の同一綱および亜綱に属しています。ちなみに手漉き和紙に使われるコウゾ、ガンピ、ミツマタの繊維の長さは平均値で七・三、五・〇および三・二㎜、またアスペクト比（繊維の長さと幅の比）はそれぞれ五一〇、四九〇および四二〇であるのに対し、針葉樹材パルプの繊維の長さおよびアスペクト比は三㎜弱および八六、広葉樹材パルプでは一㎜強および六〇にすぎません。特異な機能を発揮する理由であると考えられます。

●草木布のいろいろ

アイヌの厚司

厚司は草木布としてよく知られている織物ですが、オヒョウの樹皮が使われています。アイヌ語でオヒョウ（ニレ）はアッニ、オヒョウの樹皮はアッ、アッで織った織物や着物をアッドシあるいはアットゥシと称していたのが変化して、アッシ（厚司）となったといわれています。アイヌにとって、衣料や縄などの原料として一番大切な資源はオヒョウですが、木の周囲に対して四分の一程度の剥皮に止めることで樹体の枯死を防ぎ、自然との共生を図っていたとのことです。採取したオヒョウの内皮部分は、腐らないように注意しながら沼に漬け、薄く剥がれやすくなった時期に引き上げ、水洗、乾燥したのち織物用などの糸を紡いでいました。なおオヒョウの樹皮に劣らずアイヌの生活に役立っていたのが後述するシナノキ繊維でした。

しな布

シナノキの皮は織物、荷縄、畳表の径縁などに利用されており、アイヌ民族のほか山形県や新潟県の雪国に残されている古代織りの一つでもあります。また樹種名は、アイヌ語の「結ぶ・縛る」を意味するシナ(sina)に由来します。材は淡色・低比重(〇・三六～〇・三七)で軟らかく加工し易い材料として活用されてますが、皮の繊維は剛直で絡み合い難くオヒョウやコウゾのじん皮繊維の織物より肌のなじみが良くありません。しかし丈夫な繊維であるため、荷縄などとして重宝されていました。なお木綿糸と混織することで肌のなじみを改善したものもあるようですが、現在ではテーブルセンター、袋物、帽子、のれん、造花などがつくられ、素朴な暖かさが好まれています。シナノキの樹皮繊維は一〇年生前後が適していますが、陰干しした内皮を木灰汁で煮たのち(アルカリ蒸煮)、槌で叩いたり揉んだりして軟らかくしてから細く裂いたものを繋いで糸状にして縒りをかけたものを織物などの原材料として利用されていました。

太布とタバ

太布はカジノキ(古名カジ)、コウゾやシナノキの樹皮繊維を紡いだ糸を用いた粗い織物であり、四国の山間では近年まで労働着として利用していました。採取した原料の枝は蒸したのちに剥皮し、ついで皮を木灰汁で煮て外皮を取り去り、洗浄、水浸漬した内皮を野外で凍らし、乾燥したのち木槌で叩いて軟化保存していました。

タパはカジノキの内皮を叩きのばして作る樹皮布で、紡績や製織の工程を経ないで布の形にした所謂「不織布」のことです。宮城県や高知県あたりで産出されていましたが、古代の南太平洋諸島や中南米諸国でも内皮から樹皮布(タパ；Tapaと呼称)を作っていたようです。

その他の草木布

その他、まめ科のクズの内皮繊維を横糸に、木綿や絹を縦糸にして紡いだ葛布は、水に強くて丈夫な布であるため、雨具や袴の素材としたり、襖やカーテンなどにも用いられます。

またコウゾ、ミツマタ、ガンピなどの靭皮繊維で作った紙(和紙)を素材とした紙衣や紙布も用いられていました。紙衣は紙を「布」と同じように扱って作った衣服であって、現在でも「お水取り」として奈良東大寺で行われる修二会では、紙衣を着ることが伝統となっています。紙布は薄手の紙を細くきり縒りをかけた糸状材料を織ったものであって、用途は類似していますが、紙衣とは全く異なった製法で作られます。

●天然繊維とバイオミメティックス繊維とのかかわり

現在、生活必需品である衣類用の繊維としては、天然と合成の二種類があります。天然繊維は不均質で多層構造をもっているのが一般的であり、一方合成繊維は単純で均質な構造をもっています。前者はわれわれの生活環境下での産物であるため暖かみのある高機能の繊維です。一方、後者は機能的には天然繊維より劣っていますが量産可能であり、さらに生体にとって好ましくない過酷な環境下でも使える耐久性のある高性能な繊維といえます。

合成繊維の分野では一九六〇年頃から天然の繊維材料の構造に学んで機能性を高めた、いわゆる「バイオミメティックス（生体模写技術）」繊維の開発が進められてきています。その一例として綿のルーメン構造や樹木繊維の毛細管吸水機能を模した中空繊維や多孔中空断面吸水性繊維などをあげることができますが、さらに人間に「やすらぎ」をもたらす「ゆらぎ（1／fゆらぎ）」[†]にまでふみこんで快適性や癒しを考慮した衣料の開発が進んでいく見通しにあります。

不均質性は、木材など天然物の三大欠点の一つとされてきましたが、「ゆらぎ」をもち不均質な物質が人間にとって好ましく必要な特性であることが科学的にも立証されてきました。天然材料の精密で巧妙な生成機構や生体機能の模写・応用によってさらに高機能の衣料が開発されていくでしょうが、先人の生活の知恵から生まれた天然の諸材料を脱石油衣料として見直すことも今後の大切な課題ではないでしょうか。

（阿部）

第2話　森と衣──草木染

●衣生活の始め

人はアフリカ大陸東側の森で誕生して以来、長い間、森に育まれてきました。人は身近にあった植物に食だけでなく、衣や住の生活においても依存してきました。本項では衣生活での森との関わりに注目します。アダムとイブのイチジクの葉ではありませんが、太古の人々は植物の葉、樹皮、枝などで雨風、暑さ、寒さから身を守りました。例えば、落ち葉や干し草を集め、その中に潜り込んで冬の寒さから、大きな葉や、小さな葉が沢山ついた枝で夏の厳しい日差しや植物のとげや枝から皮膚を守るなどしました。このようなことが森と人の衣生活での係わりの始まりでしょう。植物で身を守る係わり方の当初は植物の葉、枝、樹皮などを直接使ったと考えられます。太古の人々は植物で身を守るという係わり方を通して体温調節、身体の安全と安心の確保に始まり、羞恥心からの保護、身体の清拭などの効用も経験的に学んでいったでしょう。

植物で身を守ることが中心の係わり方に、身を包むという係わり方が加味されていきました。このために、葉や樹皮を直接使うことに加え、合わせる、重ねる、繋ぐなどの使い方も始めました。さらに、ほどなくして、細長い樹皮や葉を編んで形を整えて使うことも始めました。このように身を守るものの使い勝手がよくなるにつれ、身を包むという使い方の比重が高まり、これは季節や時を問わない、日常的なことになっていったと想像できます。

さらに永い時を経て、人は暮しに潤いやゆとりをもたせる植物との係わり方、すなわち、飾るや装うことも始めました。この新しい係わり方を始めてからあまり時を経ないで、人は自然、精霊、異性、他人、敵などと対峙する時に顔、胴体、手、足などを彩る、体を飾ることなども初めたことでしょう。このような彩る、飾るという係わり方では美しく装うことに力点がおかれるようになったのも、自然の成り行きでした。このようにわれわれが今日、衣生活と呼ぶ係わり方が次第に確立していきました。

●美しく装う

人と森との衣生活における係わり方の大きな分岐点を著者なりに考えますと、植物素材を合わせる、重ねる、繋ぐなどの行為から、紡く、織る、縫うという、身にまとうものを加工する行為、あるいは、身にまとうものを森の産品そのもので飾って彩るという行為から、草木の煮汁で染めるといった染色行為も思い浮んできます。以下では草木染めに注目してみます。

人は植物由来の糸や布、毛皮などを植物の煮汁に浸けると様々な色に染まることを知りました。

また、こうした染め物を仕立てて身にまとうと、心浮き立ち、癒されることにも気づきました。時を重ねた今日、人は化学合成した染料で染めた染め物で身を飾るのが一般的になりました。こうした染め物による昨今の衣生活は色が溢れていて華やかです。しかし、ここには化成品である染料が引き起こす、人の身体に対する危険と心配、染色廃液による河川の汚染などの弊害も同居していません。対する植物色素による染色では、こうした問題とは完全に無縁であるとは言い切りませんが、化成品の場合に比べて人や環境に優しいことは間違いありません。

人々は昨今、植物や動物起源の素材で衣生活を楽しむことの価値を改めて認識しています。これはシルク、ウール、コットンなどの天然素材で作った糸、布、衣料を植物性色素で、色とりどりに染めて装うことです。自然の度合いの高い衣料品による衣生活は当然、身体に優しく、安心できます。この有り様は人々が食生活で、食品の安全・安心と人の健康を第一に考えだしたことと同じです。暮しの様々な場面で本物に対する想い、自然志向が強まっています。様々なストレスからの解放を希求している現代人にとって、この成り行きは自然のことです。

●草木染め

ムラサキタガヤサンと呼ばれている熱帯産の樹木があります。この樹を鋸で切断すると、切り口は当初、何の変哲もない淡黄色ですが、急速に紫色に変わります。これはこの樹が紫色に変わる成分を保有しており、この成分が鋸断されたために、空気(酸素)にふれて紫色の成分と変わったからです。植物は一般に色素成分やその前駆体を保有していて、いろいろなやり方で色を発したり、変えたりして自己主張しています。このような成分が草木染めでは主役を務めます。

昨今、日本各地で特産品、産品として評価の高い草木染め物には、職人たちの長年の創意・工夫が凝縮されているので、すばらしいのは当然です。人は二〇〇年ほど前までは、天然性の染料しか知りませんでした。世界の人々は草木を始めとする天然物による染め物を開発し、すばらしい衣文化を育んできました。これはテレビなどで紹介される各地の民族衣装の美しさ、素晴らしさをみれば了解できることです。日本でもかつて、草木染めに三〇〇余種の植物を利用していました。そして、化学合成染料万能の今日でも、約一〇〇種の植物が使われています。

草木染めでは多数の植物のエキスを使い分けて、多彩に染め分けられています。各エキスの発色は染めようとする素材、木綿、ウール、シルクなどで違います。草木染めは基本的に、植物が保有する成分が係わっているので、微妙で、複雑です。また、アルミニウム、鉄、スズ、クロム、銅化合物などの媒染剤を使い分けると、発色は一段と多彩になります。草木染めで色の揃った染色製品をまとめて得るのは難しいことですが、これこそは草木染めの長所であり、短所です。さらに、草木染めでめざす色に染めあげるには手間がかかります。例えば、色濃く染めるには何度も繰り返し染めます。また、植物抽出液(エキス)を何度も分け取って、狙いの発色をめざします。こうした煩雑さと不揃いは草木染めのおもしろさです。

最近の検討によると、ヒノキ、ツバキ、クヌギ、コナラ、カキ、モミジ、クズ、タンポポ、ドクダミ、ヨモギなど、われわれの身近な樹木や草花が、また、台所の片隅に転がっているタマネギの外皮、ピーナツの薄皮や殻、日本茶、紅茶、コーヒーなどの出がらしなどが染料になることも明らかになりました。さらに、樹木や草に注目すると、葉、根、枝、樹皮、心材など全身全体が使えること、繰り返し抽出される煮汁の画分ごとに染め色が変化することなどもよく知られるようになりました。この状況は草木染めを信奉する者には特におもしろく、嬉しい限りです。

●難しい染色、緑色染色

化学合成染料による染色でも同様だと聞いているが、草木染めで緑色に染めるのは難しいことです。従来、この目的には、複数の植物素材による重ね染めで対処しました。しかし、最近、キハダやクサギの若葉できれいな緑色に染める方法が試行錯誤の末に開発された。この緑色染色では材料の葉の採取時期やその煎汁のとり方に注意と工夫が必要です。山崎青樹氏のキハダによる緑色染色の実際を抜粋、紹介します。

六～七月頃のキハダの若葉を採り、これを灰汁またはアルカリ(炭酸カリウム)水に投じ、加熱、沸騰して煎汁を得ますが、最初の煎汁は捨てます。この操作をさらに二回繰り返します。目的の緑色染色には四回目および以降の煎汁を用います。合併した煎汁に氷酢酸を加えてpHを七に調整後、加熱沸騰させ、これに絹などの糸や布を投じて一〇分ほど煮立てます。放冷後、この糸や布は別途準備した銅系媒染液に三〇分間浸漬、水洗、そして、乾燥します。これが最近紹介された緑色染色です。この緑色に限らず、草木染めで染めあげられる染め物はいずれも落ち着いた色合いをみせ、人の目に優しいのが特徴です。

●より黒く染める染色、黒染め

草木染めの代表、京呉服の黒染めです。これには長い歴史があります。礼式服である留め袖、羽織などの高級和服の黒色染色、黒染めにはログウッド（*Haematoxylon campechianum* マメ科）の心材から得た抽出物が使われています。この樹は中南米原産で、心材の切り口は切断直後、黄赤色ですが、時とともに暗赤色に変わります。この木粉をアルコールなどで抽出した抽出物はログウッドエキスと名付けられて市販されています。これの主成分は淡黄色のヘマトキシリンと赤黒色のヘマチンで前者が酸化されると、後者になります。黒染めは絹の布地に展着させたヘマチンに媒染剤の重クロム酸カリウムを作用させ、ヘマチンとクロムのキレートを形成させて染め色を安定化させていると説明されています。黒色とその艶がすばらしい黒染めは技術革新が著しい昨今でも、他の追随をゆるしていませんので、今後も大切に伝えられてゆくことでしょう。

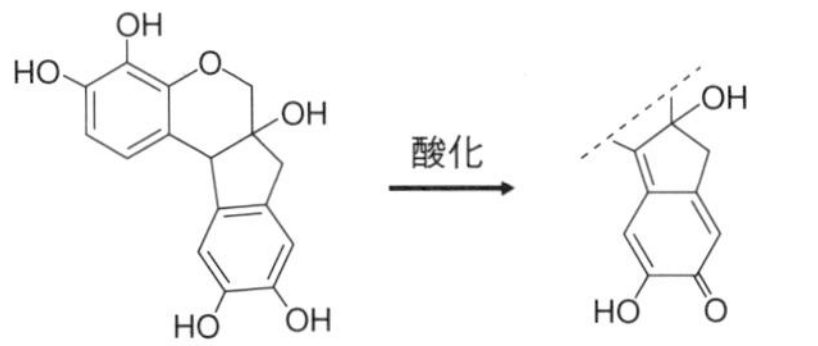

ヘマトキシリン（淡黄色）　　ヘマチン（赤黒色）

図1　ヘマトキシリンとヘマチン

草木染めで機能しているのは色素系抽出成分であるので、草木染めは抽出成分化学の範疇にあります。草木染めでは染料である植物の抽出成分の顔ぶれとそれぞれの含有量が染色効果に反映するので、染色製品は一つ一つ微妙で、変化に富んでいます。また、草木染めは河川や地下水脈を汚すことが少なく、環境に優しい染色法です。天然素材の糸や布を植物色素で染め、これらで衣類を仕立てて、個性的で、人に優しい衣生活を楽しんで、肌荒れなどとは縁をきりたいものです。草木染め製品には防菌、防虫などの効果もあるので、いいことずくめです。安価なことだけで大量に輸入されている衣料品の危険性を考えると、この思いはなおさらです。抽出成分化学を学びながら草木染めをすると、染めの効果や成果をある程度予測できるようになり、楽しいことになります。

（大橋）

おもしろ木のあれこれ

日本人の暮しをささえてきた木――スギ

スギ板材と楔　静岡市にある弥生時代を代表する登呂遺跡では田圃のあぜ道が崩れるのを防ぐためにスギ(*Cryptomeria japonica*、スギ科、スギ属)の樹から得た板が贅沢に使われていました。弥生の人々は何故、田圃のあぜ道にまでスギ板を使うことができたのか、このスギ板はどのように造ったのかなど、疑問が出てきます。何故ならば、弥生時代には樹を切るための石製の斧はあっても、板を切り出す鋸はまだ存在していなかったからです。こうした疑問に答えられるのは「楔」です。

楔とは樹を切り倒す時、樹幹根元に鋸を挽いてつけた切り口に打ち込んで、樹の倒れる方向を制御するために用いられる、幅の広い四角錐形(鉞の鉄製の部分のような形)をした木あるいは鉄製の道具です。弥生時代の板作りには木製の楔が使われました。

スギの楔割り　弥生時代、樹齢数百年のスギが人々の生活空間近くに普通にそびえていました。このことは今も時々、各地で巨大なスギの根株が掘り出されていることから了解できるでしょう。

さて、スギはその名のとおり、スグ(直)で、くせのない樹です。こんなスギ幹丸太表面に間隔をとりながら、楔を上から下へ一直線に髄(中心部)に向けて打ち込むと、直径(半径)と縦(上下)の方向に割れ目がはしり、かまぼこ状の幹丸太材が二枚得られます。著者もスギを楔割りした経験がありますが、あっけなく、割れてしまって大変驚いたことを覚えております。

引き続き、かまぼこ形の幹材の背面(樹皮の側)中央に、楔を縦方向に一直線に並べて随方向に向けて打ち込むと、木口側からみると扇形の幹丸太材が得られます。以下同様に楔割りを繰り返すと、樹皮側と髄側で少し厚みが違いますが、板材が得られます。これが弥生人のスギ板材造りです。

普通に使われたスギの木　スギは日本人には最もなじみ深く、家屋建築だけでなく、上記のあぜ道の土留めなどにも使われていた、普通の樹木です。一方、ヒノキもスギと同様になじみ深い樹ですが、こちらは寺社・仏閣や宮殿・御殿の建築など、用途を限って使われてきました。両者の使われ方は好対照です。なお、スギも個性的に育てられ、秋田杉、吉野杉、北山杉、立山杉、魚梁瀬杉、飫肥杉などと銘柄化されてヒノキ並みの高級品として取り扱われているものもあります。スギはことさら指摘されませんが、日本の森林で最も沢山の炭素を固定している樹です。このことはスギの蓄積量がヒノキの４倍を越えていることを示せば、ご納得いただけるでしょう。　(大橋)

第3話　森と食

●森の恵みとのかかわり

最近の情報によると、人は約六〇〇万年前にアフリカの森で誕生し、地球全域に展開したと説明されています。人を始めとする生物は森と係わり合ってきましたが、その関係は平等でなく、不平等なものでした。このことは生物たちの食での係わり合いを注視すれば、了解できます。森は植物の生成物を頼りにしている動物や微生物で溢れています。植物は唯一、光合成能を自分のものとし、グルコース(デンプン)を生成して自己消費するとともに、他に恵んでいます。植物自身が必要とするグルコースはわずかで、大半は動物や微生物に提供しています。

植物と他の生物との係わり合いは大変複雑で、食での係わり合いだけでも、一言では説明できません。この係わり合いは活きている植物が生成物を定期的に恵む場合、死んだ植物が最後に恵む場合に二分でき、それぞれは恵贈物の種類、被提供者の種類、被提供者の状況などで細かく分けられます。また、人と植物の恵贈物の関係も、その程度で主食品、副食品、嗜好品、医薬品などに分けられます。これらを個々にみてゆくことで、「食での係わり合い」の理解は進みます。

最初は活きている植物が生成物を動物や微生物に恵む場合です。この場合の恵贈物は果実、種子、花、芽、枝葉、落葉・落枝などです。他にも、樹液、花の蜜、植物体が吹き出す分泌物や滲出物もあります。これらは動物や微生物の活きる糧で、少し専門的に述べると、動物や微生物はこれらを摂取、分解して更なる代謝に必要な原料化合物や、ＡＴＰやＮＡＤＨなどの高エネルギー燐酸化合物を産生します。動物や微生物はこれらによって、生長し、子孫を残しています。

死んだ植物が恵みを提供する場合の恵贈物は幹、枝、葉、根などで、これらはアリ、ミミズ、菌類などの活きる糧です。植物は死んだ後も動物や微生物を養っています。

●人の森とのかかわり合いの変化

人の食での森との係わり合いでは、人も長い間、植物が提供してくれる恵贈物で育まれ、活かされてきましたが、二万年ほど前、この有り様を変えてしまいました。木々を焼き払った森跡や元々の草原に植物を植え、後に農場、果樹園などと呼ぶことになる場を造り、そこから得られる植物自身やその生産物で、人を育むという図式を構築しました。この時点から植物の恵贈物は栽培物、生産物に変じました。縄文時代の三内丸山遺跡におけるクリ栽培は我が国における古い事例の一つです。以降、人はこのやり方を押し進めましたので、人口増加を可能にして発展しましたが、一方で、様々な問題を抱えることになりました。

人はまた、多彩な生物が共存・共栄（共生）したり、競争している、多様性に富んでいる森を、自分たちに都合の良い場、例えば、特定の樹木だけを育てる場に変えてしまいました。これも森林破壊です。木々を切り倒したり、焼き払って畑、牧場、街などを造ることだけが森林破壊ではないのです。本来の森とは様々な植物、動物、微生物が係わり合って活きて機能している場です。

●恵みが主食品となる事例──サゴヤシ

人の森での食における係わり合いのうち、植物の恵贈品を主食としている、あるいはしていた例はいろいろあります。例えば、タロイモ、サトイモ、ヤマノイモ、クズなどの芋（根茎）、トチ、シイ、カシなどの種子、バナナのような果物の場合です。これらは長い間、人を養ってきました。ここではその一つ、サゴヤシ（*Metroxylon sagus*）を紹介します。

サゴヤシはニューギニアが原産地ですが、今日では南アジア全域で栽培されています。このヤシは幹の髄に営々とグルコースを貯えていますが、不思議なことに、一生に一度の大事、死直前の結花にあわせて、グルコースをデンプンに一気に変えます。酵素を機能させるこの変換に、どのような意味があるのか、よく説明されていませんが、恩恵にあずかる生物にはありがたいヤシの仕業です。今もこのデンプンを当てにして生きている人々があります。サゴヤシの成木一株から五〇〇〜七〇〇kgのデンプンが得られるが、これは大人一人が何百日も食いつなげる量になります。南アジアの国々はサゴヤシのデンプンをパールサゴ、サゴパールなどと名付けて輸出しています。輸入国ではこれをグルコースに変えて利用します。ついでに、このように採算にあう量のデンプンを供給できるヤシ科植物は多く、*Arenga* 属、*Mauritia* 属などで、十四種を数えるそうです。

●恵みが副食品となる事例——ナツメヤシ

人が植物の恵贈品を副食品として利用している例に、果物や種子(実)の場合があります。例えば、ナツメヤシ(*Phoenix dactylifera*)です。この樹はインド西部からチグリス・ユーフラテス川流域に至る地域が原産地ですが、今ではアラビア地域でも広く栽培されています。このヤシの果実は熟すと、黄赤色に色づき、ナツメの実のような甘い香りを発します。果肉は柔らかくて甘いので、現地の人々は生食したり、ゼリーやジャムを造ります。また、この果実を乾燥すると、糖分が三〇%程度に高まり、貯蔵可能となるので、これで年間を通して菓子や酒が造られています。

人が植物の恵贈品を副食品としている例は他に、若芽、葉、花、樹皮、根などがあります。まず、若芽ですが、日本にはタラ、コシアブラ、ワラビ、コゴミなどがあります。葉ではサクラ、ホウノキ、クマザサなどがあり、ご飯を包むなどして利用されています。また、根、根茎、樹皮の場合ではヤマゴボウ、ギョウジャニンニク、ニッケイなどがあり、食卓を賑わしています。なお、ここで示したどれもが、私たちの先祖様が森に暮らす中で選び出し、今に伝えたものです。最近になり、これらが保有する成分の優れた薬理・生理活性がが明らかにされるたびに、筆者はこれこそは先祖様たちの活きる力であったと思いをはせます。

(大橋)

第４話　樹を飲む

●樹液を飲む

人が森の植物の恵みを嗜好品として利用しているもののうち、「樹を飲む」という利用事例を紹介します。この事例は二つに大別できます。一つは植物の恵贈品、樹液を直接飲むという場合、今一つは実、種子、葉などの恵贈品に人手を加えて飲む場合です。

樹液と言うと、著者はカエデ類のシロップを思い浮かべます。午後三時のティータイムです。紅茶がいれられ、これにホットケーキが添えられて出てきます。次にメープルシロップの登場を期待するのは著者だけでしょうか。メープルシロップはカエデ類の一つ、シュガーメープルが春先に湧出する樹液を集め、三十分の一量程度に煮詰めた甘味料で、カナダ産のものは特に有名です。この樹液の主成分はショ糖で、やさしい甘さが身上です。参考までに、このシロップをさらに濃縮したメープルシュガーはケーキの甘味料やタバコの香料として利用されます。

樹液の利用例は世界各地で散見でき、カエデ類やカンバ類の樹液が利用されています。ロシア、中国、韓国などではシラカンバの樹液から飲料が造られています。日本でも少し前、北海道北部の美深町でシラカンバの樹液飲料が造られました。この飲料は最近では新千歳空港の売店でも見かけるので、口にされた方もあるでしょう。著者もこれのほのかな甘みを味わいながら、北国の厳しい冬を活きぬき、春を待って樹液を湧出したシラカンバの逞しい生命力に思いをはせました。

樹液は特定の樹木に限るものではなく、どの樹木も保持しています。樹液は樹木の体液で、師部組織を中心に往来して樹木を養っている、動物の血液のような存在で、各種の糖、アミノ酸、ミネラル、ビタミンなどを含んでいます。樹液の理解はまだ始まったばかりで、よく解っていません。樹液は前記以外にも有用な成分を保有していると考えられるので、興味深い検討および利用の対象です。樹液は医薬品、化粧品などの開発も期待できる資源で、この研究や開発の進展は期待されています。このことに関し、前記シラカンバ飲料開発を応援された北海道大学の寺沢実の音頭取りで、樹液に注目する研究者の国際的な集まりが定期的にもたれています。樹液利用の進展にはこうしたことの積み上げが必須です。

樹液の利用例はサトウヤシ(*Arenga saccharifera*)の場合もあります。このヤシはインドからマレーシアに至る地域が起源ですが、今日では南アジア全域で広く栽培されています。サトウヤシは学名の種小名からも予想できるように、濃度八%余の糖液を含んでいるので、栽培地の人々はこの樹液を煮詰めてヤシ糖(ショ糖)を得たり、発酵させて酒を造っています。この酒はアラック(arrak)と呼ばれています。このヤシとの係わり方は正確には、樹液を「醸(かも)して飲む」と言うべきかもしれません。「醸して飲む」場合は一般に樹液ではなく、種子や果実が利用されます。

●実を飲む

今一つの樹木を「飲む」という係わり方はココア、コーヒー、チャなどの場合です。この場合はワイン、コーラ、ウイスキーなどの醸して飲むという係わり方と似ています。なお、ウイスキーの場合、畑の産物であるオオムギの種子から造ったウイスキーモルトの付加価値を高めるために、森の恵みであるカシの幹材から造った樽の中でこれを熟成させるという、変則的な係わり方で、樹を中心に考えると、二次的な係わり方になります。

チョコレートとココアはカカオの恵贈品

ポリフェノールを多量に含んでいるので、その効用が改めて脚光をあびているカカオに注目します。カカオを「ココア」と呼ぶことがありますが、正確には、ココアはカカオの実から造られる飲み物をさします。ここで注目するカカオ(*Theobroma cacao* アオギリ科)は赤道直下の中南米を原産地としていますが、今日では、赤道をはさむ南北一〇度以内の地域で盛んに栽培されています。このカカオ栽培はチャ、コーヒーに続く、世界第三位の規模にあります。

カカオはラクビーボール型の果実を幹に直接着ける、変わった植物です(**写真1**)。熟すと、果実は大人のこぶしよりも一回り大きく育ち、黄褐色または紅紫色に色づきます。この果実には五〇個ほどの種子(豆)が果肉に包まれて潜んでいます。豆は中・南米では古くから食べられていました。

マヤやアズテック族の人々は豆をトウモロコシの実と一緒に砕いて粉状にし、これにトウガラシと水を加えて練ったものを常食していました。十六世紀始め、スペイン人が現在のメキシコあたりを征服した時、この食べ物に出会いました。彼らは辛いトウガラシを砂糖やバニラと置き換えて食べるようになりました。これが今日、世界中で愛好されているチョコレートの始まりです。

写真１　カカオの果実

カカオペースト、カカオバター、ココアの関係

カカオ豆の利用です。熟したカカオの果実は収穫後、果実の果皮を切り開いて種子(豆)と果肉からなる内容物を分け取ります。次に、豆を取り巻いている果肉をおおよそ除き、豆をバナナの葉などで覆い、三～四日間放置して発酵させます。この発酵では野生の酵母菌や酢酸菌が取り残した豆表面の、炭水化物系果肉粘質物をアルコールや酢酸にまで分解します。これら分解生成物は豆内に染み込んで、内在する酵素類を刺激するので、内容物は酸化、変質します。変質した内容物は風味を醸し出します。発酵を終えた豆は焙炒機に移し、一三〇～一四〇℃で炒ります。この焙煎処理によって豆が保有するタンニンは苦みを失い、ココア風味を呈するように変わります。焙煎済みの豆から種子皮を機械的に除去後、豆の内容物を加温、加圧すると、脂が溶け出し、べとべとした状態になります。これをカカオペーストと呼びます。

カカオペーストは蒸気加熱水圧機に移し、圧搾して脂を搾り出します。得られた脂をカカオバターと呼びます。ちなみに、カカオバターの主成分はステアリン酸、オレイン酸、パルミチン酸などがグリセリンと結合したグリセライドです。カカオバターを搾り取った後の内容物を乾燥して粉末状にしたものがココアです。飲料にするココアを得ようとする場合には、カカオバターを搾り尽くさないで、いくらか残こすのがよいとされています。カカオペーストに砂糖、牛乳、香料、デンプン、カカオバターなどを加えて、よく練りあげて造ったものがチョコレートです。

なお、カカオの葉や種子にはテオブロミンと呼ぶアルカロイドが含まれているので、ココア造りで多量に排出される種子皮からテオブロミンを得ています。テオブロミンはカフェイン同様の興奮作用を示します。他にも、中枢神経や心臓横紋筋の活動に作用したり、腎臓に作用したりもします。テオブロミンによる効果はいずれもカフェインに比べ、穏やかなので、珍重されています。

●分泌物、滲出物

紙面の都合で詳しく述べられませんが、植物が自然または人為的に生じる分泌物や滲出物も、人はいろいろ利用しています。例えば、サポジラ類（*Achras* spp. アカテツ科）で、これらの幹を傷つけると、乳液が染み出ます。これを煮詰め、酸で固めたものがチクルで、これからチューインガムが造られます。しかし、分泌・滲出物の場合、利用の中心は医薬品の製造です。この事例は沢山あるので、感心のある方は専門書をひもといてみてください。

人は森に育まれたシカ、イノシシ、ウサギ、鳥などの動物や、シイタケ、エノキタケ、マイタケなどのキノコも口にします。これも森と人との食での係わり合いですが、今回の植物を中心に据えた執筆では脇役です。また、日本人は森の樹木から造った箸、椀、杓子、お櫃などの木製道具に囲まれる暮しを維持しています。これも食に関する係わり合いですが、ここでは割愛いたします。

人の森との係わり合いのうち、食での場合をまとめてみたことで、森が抱えている問題点も透けて見えてきました。人は森を痛めつけ、深刻な事態に追い込んできました。特に、ここ一〇〇年ほどの仕打ちはひどいものです。人はこのことをまず自覚すべきです。生物の多様性を維持する、遺伝資源を保存する、二酸化炭素を固定する、酸素を生成するなどの場として森は大切な存在です。かけがえのない地球と六五億を越えた人類の存続を考える時、森には極めて大きな存在意義があります。人は今ある森を維持するのは当然、失った森を再生しなくてはなりません。さもないと、人はごく近い将来、深刻な事態に直面するでしょう。

まず、資源生産のための森を厳選し、その維持、充実を計らねばなりません。これから外れた森には手を加えないことです。加えるとしても、最小限に留め、森本来の力に託すべきです。加えて、人が樹木を伐採したり、焼き払って農場や牧場に変えて一時利用しましたが、その後、荒廃させ、荒れ地や砂漠にしてしまった所がいたるところにあります。これらを元の森に戻してやるのです。森は考えられている以上に複雑、かつ繊細なところなので、復元することは並大抵ではありませんが、復元しなくてはなりません。多様性に富んだ森の能力は絶大なものです。こうした森が増えれば、現在、問題にしている二酸化炭素は大量に吸収、固定してくれるので、温暖化問題に歯止めがかかかります。二酸化炭素の放出を減らすことも大切ですが、森を維持することと復元することはより重要で、地球と人の安寧の原点です。

（大橋）

おもしろ木のあれこれ

熱帯の人々の暮しをささえる樹――ヤシ科樹木

多彩なヤシ科植物類　「名も知らぬ遠き島より流れ寄る椰子の実・・・」と歌われている歌のためか、あるいは独特の姿、形のためか、日本人はヤシ科植物を好みます。ヤシ科植物は熱帯と亜熱帯を中心に分布しています。ヤシ科植物の生育適地から外れている日本にはわずか、7種が自生するだけです。

ヤシ科植物には数十 cm 程度のものから 30 m を超えてそそり立つものに加え、100 m を越えて地を這ったり、他の植物に寄りかかる籐(とう)類（ラタン）もあって、今も分類未確立の植物群です。分類学者によって設定する属と各属に帰属する種数は違っています。この有様はヤシ科植物が研究不十分な証です。ヤシ科植物の利活用法を考究するには分類法の確立が大切ですので、その確立が急がれます。

ヤシ科植物の利用　ヤシ科植物類から繊維、染料、油脂、デンプン、糖類、果実、飲料、ロウ、ワックス、タンニン、顔料、ボタン、薬、建物、建材などが得られ、今も、熱帯から亜熱帯に至る地域の人々の生活を支えています。ここでは油脂を得るために栽培されている2種の油料植物を紹介します。

ココヤシ（*Cocos nucifera*）　ココヤシは東南アジアが原産地ですが、昨今では広汎に栽培されています。利用対象は成熟した果実の胚乳で、これから脂肪油を得ています。主要成分は炭素数が 12 と 14 のラウリン酸（45～51 %）とミリスチン酸（16～20 %）です。この油から造られる石鹸は軟水だけでなく、硬水でもよく泡立つので、珍重されています。

ココヤシの胚乳を乾燥したものをコプラと呼び、コプラ油が得られます。東南アジアの国々はこの油をマーガリン、石鹸、ろうそく、ポマード、軟膏基剤などの製造原料として輸出しており、その量は年間 200 万トンを越えています。また、生の胚乳から得る油は低級脂肪酸や不飽和脂肪酸の比率が高いので、融点が低く、コプラ油よりも良質であるとされ、珍重されています。

アブラヤシ（*Elaeis quineensis*）　アブラヤシはココヤシと並ぶ油料植物で、東南アジアを中心に栽培されており、規模はヤシ類中最大です。特に、マレーシアでのアブラヤシの栽培は世界の三割余を占めます。この果皮は 50～67 %の脂肪油を含み、得られる油をパーム油、パーム核油などと呼びます。

アブラヤシ油は炭素数 16 と 18 のパルミチン酸とオレイン酸を主要成分としており、上記コプラ油とは物理的性質が違います。パーム油はこれを鉄製品の防蝕剤として使う鉄鋼製造業を始め、食品、化粧品、ワックス、ろうそくなど、広汎な製造業で需要があり、最近の年間生産量は 600 万トンを越えています。これはココヤシ油の 3 倍の規模で、世界最多です。　（大橋）

第5話　木と住

●人のくらしの中の木

かつて日本人の暮らしは森がなければ成り立ちませんでした。住まいを造り、火を燃やして食事を作る、灯りと暖をとる、これらのすべてに木が必要だったからです。今でも発展途上国では木を使う生活であり、世界の木材需要の半分以上が燃料としての利用です。だから、人々は森の中か近くに住居を造って生活してきました。そして生活に密着した住居近くの森を「里山†」と言って大切にしてきました。大切にするというのは、けっして木を切らないということではありません。適度に必要に応じて木を切り、手入れをして木を育てていき健全な明るい森にしていくことです。

おとぎ話にでてくる「お爺さんは山へ柴刈りに、お婆さんは川へ洗濯に」というのが、その里山を利用した生活ぶりを表しています。「柴」は焚き物、すなわち燃料として使う木の枝や灌木(かんぼく)†を言います。それらを集めてこなければ食事を作ることができなかったし、また、冬になって暖をとるのにも柴刈りは不可欠だったのです。

家の近くを流れる川は洗濯をしたり、食材を洗ったりするのに常時使いました。そのためにはきれいな川でなければなりません。きれいな川を維持するためには、その川の源流となる森がきれいで、豊かな水をたくわえてくれていなければなりません。

このように里山の森はいつも人々の生活と密着した存在で、その生活を支えてきました。

さらに、森の中で大きく成長した木は生活の道具を作るために伐採されましたが、必要な木を適度に切って利用し、決して森の木がなくなるようなことはしませんでした。そして、伐採跡は広葉樹であれば萌芽（ぼうが）を促進させ、針葉樹なら植樹して伐採後の手入れをしてきました。

こういったように里山の森がなければ成り立たなかった人々の生活は、石油燃料の台頭によって一変しました。このことは燃料革命といわれるほどに、人間生活における燃料の利用を木から石油製品へ変えてしまいました。そして、このことによって人のくらしを森から遠ざけることになりました。

●竈（かまど）、囲炉裏（いろり）、炬燵（こたつ）

木を使ってきた伝統的な日本の、特に田舎の住宅における典型的な設備が「竈、囲炉裏、炬燵」でしょう。竈は毎日の食事を作るのに不可欠の煮炊きをする設備で、その燃料として「薪」すなわち木がなければならなかったのです。そして、この薪を一年中確保しなければならないから、住居の近くに森や林があって、そこから木を取ってきて乾燥させておくための薪小屋も必要でした。もし、それがなければ毎日どこかから薪を調達してこなければなりません。だから、みんなが近くの里山を大切にしてきました。

竈は土間に設置されているのが普通ですから、居間で家族が団らんをしながら煮炊きをする設備として設置されたのが「囲炉裏」でした。囲炉裏こそ日本の木を使った生活のすばらしいアイデア設備といえるのではないでしょうか。囲炉裏で薪を燃やして、その火を囲み冬季には暖を採りながら食事の準備をしたりお茶を飲んだり、と家族のコミュニケーションの場となってきました。そして夜、囲炉裏端で仕事をする、いわゆる「夜なべ」の場でもあったのです。実に便利で合理的な設備の囲炉裏のある住宅こそ日本の原風景といえるでしょう。

さらに、冬の暖をとる設備として居間や寝室にまで設置されたのが炬燵でしょう。火を燃やさなくても「木炭」という加工燃料によって布団を掛けて長時間暖房できる、実に便利な設備です。この炬燵にみんなが入ることで、一家団らんの場が提供されることになりました。

加工燃料としての木炭の開発によって、簡易炊事設備としての七輪†や簡易暖房器具の火鉢・行火（あんか）†が使われることになったのです。

こういった伝統的な木をつかった生活に不可欠の設備は、燃料革命とそれに伴う住宅構造の変化によって、日本では文化財として保存されているものしか見ることもなくなりました。特に土間に設置された竈は、ほとんどみることがないでしょう。ただ、竈と囲炉裏を兼ねた炊事用設備はガスや電気のレンジに代わり、暖をとるのはガス、石油、電気ストーブに代わりました。さらに、炬燵はそのほとんどが熱源を電気にして存在しています。こうして、形をかえてそれぞれの設備があるのですが、いずれも木を使うものではありませんから木の出番はなくなったのです。

●古民家再生と文化の伝承

日本の伝統的構法である、いわゆる「在来木造住宅」は日本人の生活様式にマッチしなくなって、「高気密・高断熱住宅」へと変化していったことや田舎から都会へ住居を移したりして、立派で頑丈な木材をふんだんに使った、大きな家が空き家となって放置されていることが多くなってきました。ところが、日本人はやはり木造の大きな家に何となくあこがれています。しかし、かといってそんな家に今住もうとすると、維持管理は大変で使い勝手は悪いし、しかも土地代が安くなったとはいえ広い敷地も必要です。そこで結局、残念ながら放置されることになるのですが、こういった古民家を再生利用する例がちょいちょい見られるようになりました。それは個人の住宅としてでなく、公共の施設や宿泊施設あるいは歴史や伝統文化の保存施設などとして移築・再生されることが多いようです。こういった、古民家再生建築物内に入るとなんとなく気分的に落ち着くので、一時的に利用する施設として生かされています。

少し以前にはとにかく廃棄して新しいものにすることが近代化のステータスとなって、いかにも新しい文化を創出しているような風潮がありました。その頃には放置された古い家などは壊して捨てることが美徳のように思われて、せっかくの立派な建物もことごとくもなげに壊され、姿を消していきました。そして、壊すのは大型機械で一気に潰してなにもかも一緒に産業廃棄物として、埋め立て地などに捨てられていました。ところが、一括廃棄はよくないといわれるようになり、分別して廃棄されるようになりました。それでも木材・木質材料は廃棄されて消却処分されるようになり、木材は燃えるから処分が楽だといわれていました。しかし、さらに「すべてのものを出来る限り再資源化するように」という、いわゆる「建築リサイクル法[†]」が制定されました。その上、ダイオキシンを排出しないように、ということで木材も簡単に焼却処分することができなくなってしまいました。それと同時に古い物への愛着を感じて出来る限り保存して、使える物は使いましょうということも一層叫ばれるようになって木造の古い建物が保存されたり、移築再生されたりするようになってきました。確かに残されている古民家の建築資材はとても良いものが使われていて、いまではそう簡単には入手できないような太い材がふんだんに使われています。このような材料をまた活用することは、資源を大切にすることばかりでなく文化の伝承でもありましょう。

古民家や倉庫などを移築して宿泊施設にしているところなどは最近とても人気があって、いつも予約で一杯といった盛況ぶりです。もちろん建物の中は近代的になっていて、設備も新しく快適な住み心地になるようにされていますので、そういう所に宿泊することで心が癒されるということで好まれています。最近では日本人だけでなく外国の旅行者にも日本的な魅力が好まれて、こういうところに宿泊を希望する旅行者も多いようです。

古民家でも「かやぶき屋根」のところは少なくなっていますので、このかやぶき屋根の民家を保存・活用しようという運動もあります。これこそ日本の原風景といっていいでしょうが、保存活用は一層困難です。それは、まずかやぶき屋根を保存しようとした場合、かやぶき職人が少ないこと、かやを集めるのが大変なこと、古くなった屋根を修理するのに多額の経費がかかることなどがあげられます。しかし、なんらかの工夫でかやぶき屋根の家を保存あるいは再生して、その中に囲炉裏をそなえて薪が燃やせるように復元することによって、日本の伝統的な人の暮らしが再現できます。すなわち、このような住宅の構造であれば木材構造のよさが日常生活で体験できるのです。

現在でも乾燥法の一方法として、「燻煙乾燥法」あるいは「古代人乾燥法」といった方法が実用化されています。百年以上もたった囲炉裏のある古い家は柱や天井は煙で燻されて黒く煤けていますが、その材料はとてもしっかりしていることにヒントを得た菅岡健司さんは、この原理を応用して一九九〇年頃「燻煙乾燥」という乾燥法を考案されたそうです。菅岡さんは「古代人スガオカ」という建築会社を経営しており、初めは三角テントのような炉で乾燥させていたそうです。テントの底におがくずや廃材を敷き詰めて、その上に木材を積み重ねてシートを被せ、おがくずに火をつけて煙を出して木材を燻す簡単な方法でした。テント内の温度は八〇℃ぐらいで、要するに木の燻製を作ったのです。この燻製木材はねじれや反りを生じさせないで乾燥されていました。しかも、この方法で乾燥された材を用いた住宅はカビやダニが発生しにくいそうです。その後この乾燥法は改善され普及していき、現在も使われるようになってきています。まさに、日本の伝統的な住宅建築がもたらした新しい技術であり、それが伝統文化を継承しているといえるものです。

（作野）

第6話　珠玉の産品──ジャパン

日本には世界に誇れる、数々の産品がありますが、その一つに、木材を加工した造作物などに、ウルシの樹が滲出する樹液(漆)を塗って造られる漆器があります。皆さんも美しい漆製品をご覧になる機会は多いと思います。漆製品は英語でjapanと記されることもあり、中国人が世界を先導して造ってきて、英語でchinaと記されている陶磁器に比べられる産品です。日本の漆製品は昔から主要な輸出品で、海外で高く評価されてきました。これらは日本人の暮らしを支えるとともに、生活に潤いを与えてくれました。この項では森の究極の産物、漆製品のすばらしさに注目します。

●ウルシと漆塗料

ウルシ(*Rhus Vernicifera* ウルシ科)は落葉性の小高木で、九州から北海道にかけて分布しています。朝鮮半島、中国にも分布しています。この樹の幹を傷つけると、乳白色の樹液が染み出ますが、これが漆です。幹を傷つけて漆を得ることを関係者は「漆を掻く」と言います。得られた漆を生漆と呼びます。また、この生漆にナヤシ†とかクロメ†と言われる処理を施したものを精製漆と呼びます。

漆液の主要成分はウルシオールで、これは酸素存在下、ラッカーゼと呼ぶ酵素によって酸化重合して、耐薬品性、耐水性、防腐性、断熱性などをもつ高分子化合物に変化します。これが漆器の堅牢で美しい塗膜の実体です。ついでに、ウルシの実から得られる蝋質は和蝋燭（わろうそく）の製造に長い間使われていたが、江戸時代の始め、中国から渡来したハゼノキ(*Rhus succedanea*)の実から得られる蝋質にその座を譲ったという挿話があります。

世界には漆が得られるウルシ科植物は日本のウルシの他に、ベトナムのアンナンウルシとミャンマーやタイに分布するブラックツリーが知られています。これらの主成分はラッコールやチチオールですので、日本ウルシのウルシオールとは違いますが、これらも酸化重合して被膜を形成しますので、漆器が造られています。なお、ウルシ科植物は世界に約四〇〇種が存在し、その中には、マンゴーやカシューのように、果実や実が愛でられているものがあります。ヨーロッパではカシューの実からカシューオイルと呼ぶオイルを得て、塗料として使っています。

●漆利用の起源

人がウルシの樹液を塗料として使うにいたった経緯はいろいろと推定されていますが、最も信憑性があるのはハチの巣説です。ハチ類は様々な巣を造りますが、多くは樹の枝にぶら下がるタイプの巣を作ります。この巣は多数の部屋からなっており、仲間が増えるのにあわせてハチは部屋を増やすので、巣は次第に大きく、重くなります。ハチはこの事態に、巣と枝を繋いでいる付け根部分を補強して対処しています。この補強部分の太さは最大のものでも小指程です。ハチは強度を必要とするこの部分の補強にウルシの樹液と自身の唾液を混ぜて塗りつけます。

縄文の昔、我らがご先祖様はハチたちのこの仕事をつぶさに観察して、漆の利用法を思いついたのです。人の漆利用も始めはハチと同様、接着剤としてでしたが、程なくして、器具や道具の表面を保護、補強するような使い方も開発しました。われらがご先祖様は昆虫学者のファーブルなみの優れた自然観察者であっただけでなく、考案者でもありました。物作りにおける日本人の優れた資質はこの時代から発揮していました。

このように日本の漆利用は縄文時代にまで遡れるが、その起源は中国であると長い間認識されてきました。ところが二〇〇〇年、北海道、南茅部町の縄文遺跡から赤い漆を塗った遺品が発見されました。これを放射性炭素（^{14}C）による年代測定に付したところ、九千年前のものと判定されたので、関係者は驚きました。何故ならば、この時点での世界最古の漆製品は中国揚子江流域の河姆渡（かぼと）遺跡より出土した約七千年前の遺品であったからです。日本の遺品はこの記録を一気に二千年遡らせるとともに、「漆利用のルーツは日本」との説を具体的に支持する証拠にもなりました。

●漆器造りのあらまし

漆器造りには大変な手間とひまがかかります。無地の漆器、漆器製品は†木地作り、†下地作り、†塗りの工程を経て造られます。日本では現在もいろいろな無地の漆器製品が造られています。例えば、岐阜県や秋田県の春慶塗りのように木地や木目をあえてみせる素朴な塗りです。また、漆本来の色調、光沢を楽しむ、岩手県の浄法寺塗り、和歌山県の根来塗、布や紙の模様を活かしている、福岡県の藍胎漆器の塗りなどもあります。他にも、朱漆と黒漆を際だたせる高知県の古代塗りもあって、これらも無地の塗りです。黒や朱一色の漆器も大変に美しいので、高く評価されています。事実、真っ黒に塗られた漆器は中世のヨーロッパに輸出され、称讃されました。わが国でも黒く輝く漆器の美しさを評価した証があります。漆黒の髪、漆黒の闇などの表現です。漆黒という言葉は今も現役です。

漆器をより豪華にする工程、加飾(かしょく)があります。黒や朱色だけの無地であると思って椀の蓋をとると、目に飛び込んでくる金や銀で描かれた図柄や、黒く輝く文箱の面で七色の光を踊らせる貝殻を貼り付けた螺鈿(らでん)の漆器は豪華で、気品を備えています。無地の漆製品も美しいが、これをさらに美しく、豪華にするための加飾技法を施す漆器造りが今に伝えられています。この技法を著しく発展させたことで、日本の漆製品は他国のそれを凌駕しました。日本の漆製品を高い位置に押し上げた加飾技術は、多くの職人たちの優秀な感性と、絶えざる研鑽に支えられています。加飾には蒔絵(まきえ)、沈金(ちんきん)、螺鈿(らでん)などの技法があり、今も進歩、発展し続けています。

●日本の漆器

ウルシはかつて、日本の山野に広く分布していたので、漆器造りの技が各地に生まれ、今も伝わっています。主なものをあげてみます。上記した無地の漆器類があります。加えて、津軽塗（青森）、川連塗（秋田）、秀衡塗（岩手）、鳴子塗、仙台堆朱（宮城）、会津塗（福島）、村上木彫堆朱（新潟）、江戸漆器（東京）、芝山漆器（神奈川）、高岡漆器（富山）、輪島塗（石川）、若狭塗（福井）、木曽漆器（長野）、静岡漆器（静岡）、京漆器（京都）、奈良漆器（奈良）、讃岐塗（香川）、大内塗（山口）、琉球漆器（沖縄）などです。これらの多くは江戸時代、藩によって保護、奨励された歴史があります。

漆製品の復権

日本人はつい最近まで、簡素で、ゆとりある暮しを維持していました。そこには漆器も係わっており、例えば、台所には漆塗りの櫃、盆、膳、椀、杓子、皿、箸などが普通に並んでいました。客間や居間には漆塗りの調度品や装飾品が並んでいました。こうした漆製品を再認識して暮しの中に復活させたいものです。著者はここで、「食生活に漆製品を復帰させよう」と提案します。

漆製品には普段使いをさし避けたい製品から普通の製品までいろいろあり、多様なニーズに応えられます。漆製品に囲まれる生活はホルマリンや鉛などにまつわる心配事とは無縁です。また、漆製品は美しく堅牢で、使い込むと味の出るものも多く、これらは石油・天然ガス起源の製品よりも長持ちして、経済的です。漆製品はその美しさや味ゆえに食卓や居間を華やかで落ち着いたものにするでしょう。漆製品に取り囲まれる生活を楽しみたいものです。

漆復権を下支えするウルシ栽培

我が国ではかつて、身近な所にウルシが植えられ、それから漆を掻いて、需要の過半をまかなっていました。不足分は輸入品で補いました。国産漆は輸入漆よりも上位に位置づけられ、大切に使われていました。「漆の分化」の著者、室瀬和美によると、漆液は本来、甘酸っぱい、何とも言いようのない香りを放つもので、国産のものはこれが顕著であると言っています。輸入品は悪臭を発することがままあり、これには漆掻きから漆の出荷にいたる処置の違いが原因であると説明しています。なお、こうした漆の臭いも塗布後、乾燥して漆が固まり始めると自然に薄まり、完全に硬化すると、なくなります。このことはほのかな香りを楽しむ場面で使われている漆塗りの食器、香炉、香合、茶入れなどの製品が証明してくれています。

日本ではウルシの樹木が次々と消えてゆくという状態が長い間続きましたので、漆の復権を願うとすれば、まず、ウルシの樹木を増やす仕組みを再構築しなくてはなりません。このことに気づいて、ウルシの樹の植栽から漆の採取にいたる事業を始めた日本文化財漆協会という組織があります。この組織にはすでに三十年余りの活動実績があります。岩手県の浄法寺町や茨城県の大子町で、この協会員手植えのウルシの樹が大きく育ち、漆を掻けるまでになっています。しかし、漆を復権させた時の需要をまかなうにはもっと事業規模を大きくしなくてはなりません。これには多くの人々の賛同、支援、そして尽力が必要です。

（大橋）

おもしろ木のあれこれ

日本の建築用材の重鎮――ヒノキ

日本産の用材といえばヒノキ、スギ、マツの針葉樹3樹種があげられます。これらの木材はとても古くから種々の方面に用材として使われてきました。特に日本の在来工法である木造軸組工法の住宅建築には必要不可欠の材で、中でもヒノキは主に柱として利用されてきました。ちなみに、マツは横架材、スギは間柱や板材として多く使われてきました。真壁作りの和室では四隅にヒノキの柱が見えて、ヒノキの最も栄えるところです。また、2階作り構造を支える通し柱としてはほとんどヒノキが使われてきました。日本の建築材料では最高品質のものであり、好条件下では1000年以上の寿命を保つほど耐久性にも優れています。飛鳥時代のヒノキ造り建築は優れたものが多く、法隆寺は世界最古の木造建築物として今日までその姿を保っているほか、奈良県内の歴史的建築物はいずれもヒノキ造りです。

伊勢神宮では20年に一度、社を新しく建て替える「式年遷宮」と呼ばれる行事が行われ、大量のヒノキ材が必要となります。はじめは伊勢国のヒノキを使用していましたが、次第に不足してきたため三河国や美濃国からも調達するようになりました。18世紀には木曽の山を御せん山として正式に定めて、ここから本格的に調達するようになりました。明治時代になって、恒久的な調達を可能にするため神宮備林において、さらに、大正時代になって伊勢神宮周辺に広がる宮域林においてヒノキを育成することになって、植林が行われました。これらの植林は樹齢200年以上のヒノキを育成することを目的とした、長期展望に立った計画で進められました。木曽山は第二次大戦後1947年に廃止されて国有林に編入されましたので、その後はこの国有林からヒノキを購入して式年遷宮を行っています。式年遷宮で前回に使用されたヒノキ材は日本全国の神社に配布されて、神社の社殿などに利用されています。

ヒノキはヒノキ科ヒノキ属の針葉樹で、台湾と日本の本州中部から九州にのみ分布していて、スギとともに人工林として多く植林されています。乾燥した場所を好むので、植林する場合はスギは谷側に、ヒノキは尾根側に植えられます。

木材から採取される精油成分に「ヒノキチオール」と命名されているものがありますが、日本産のヒノキにはこのヒノキチオールは含まれておりません。これは、タイワンヒノキから分離されたものに名付けられたもので、日本産の樹木ではヒバから採取されます。

（作野）

第2編　森林とヒト②——心とからだとのかかわり

第7話　信仰と木

●神社仏閣の木造建築

日本の宗教はといえばほとんどが神仏混交です。鬱蒼(うっそう)とした鎮守の森に囲まれて神社があるのが日本の、特に田舎の原風景といえるでしょう。神社の規模はいろいろです。ほんの小さな、いわゆる「祠(ほこら)」とよばれる規模のものから、壮大な規模の大社(おおやしろ)といわれるものまで様々です。この大きな神社も各地にあって、信仰の拠点になっています。そして、これらの神社の近くにお寺がありま す。農村の集落では神社とお寺が隣り同士にある場合もよくあります。こういった神仏混交の信仰は日本ではごく普通の感覚で、特に違和感はありません。

さて、これら日本の神社とお寺の建物はほとんどが木造建築です。この建築方式は独特のものであり、その技術を伝承されている「宮大工」と呼ばれる職人によって建造され、現代でも建造は元より修理もその職人によってなされます。宮大工といえば、その第一人者としてあげられるのが故西岡常一氏です。西岡氏は「昭和最後の宮大工」といわれる名工で、法隆寺の修復、薬師寺西塔の復興などに尽力されたことは周知のことでしょう。西岡氏は社寺建築に用いられる木について、その性質、特徴など木を使う上で重要なことを十分に把握されており、その要点が彼の著書に記されています(西岡ほか　一九七八)。

西岡氏が修復を手がけた法隆寺は日本最古の社寺建築ですが、その他全国各地に古い社寺建築が多くみられます。

●神々が集う神社——出雲大社

写真 1　出雲大社社殿

写真 2　出雲大社境内遺跡から出土した「心御柱」(写真提供：古代出雲歴史博物館)

代表的な神社建築は数々ありますが、その一つとして「出雲大社」があげられます。神話の故郷といわれる島根県出雲市大社町にあり、全国的にも有名なこの神社は、もちろん木造建築で「大社造り」と呼ばれる独特な屋根のスタイルを持っており、ここでは「おおやしろ(大社)」と呼んで

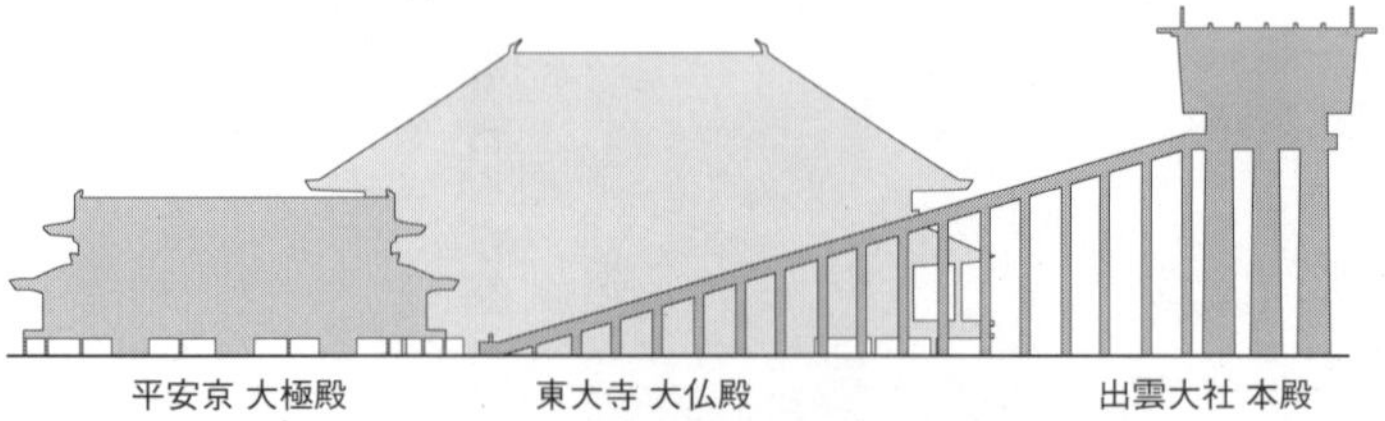

図 1　平安時代の大型建造物比較

写真 3　平安時代の本殿の 1/10 模型
（写真提供：古代出雲歴史博物館）

います（**写真1**）。この大社の鎌倉時代（一二四八年）に建立された本殿を支えたとされる「心御柱」が、境内遺跡の発掘調査で二〇〇〇年に発見されました（**写真2**）。柱の太さは三m以上で、建物の階段の長さは一〇九mもあったそうです。

そもそも、出雲大社はかつて杵築大社や天之日隅宮とも呼ばれました。「出雲風土記」では、諸々の神々が集まってこの大社を築いたと伝えています。また、「古事記」「日本書紀」には大国主神から国を譲り受けた代償として、高天原側が創建したと記されています。

平安時代には当時の大きな建造物として「雲太」と称され、東大寺大仏殿の高さ十五丈（四五m）より高い十六丈（四八m）であったと言われています（**図1**）（古代出雲歴史博物館二〇〇七）。二〇〇七年三月に開館した島根県立古代出雲歴史博物館には、この本殿を再現した十分の一サイズの迫力ある模型（写真3）が展示されています。

●断崖絶壁に建つ投入堂

千年以上前に断崖絶壁に建てられた三徳山（みとくさん）三仏寺の投入堂（なげいれどう）（写真4）は日本一危ない国宝と言われています。修験道の修行にふさわしく木の根をつかんでよじ登り、岩場をわたる険しい道を登り詰めた先にあります。投入堂は山岳仏教の聖地として栄えた三徳山（鳥取県三朝町）の中腹にある国宝の木造建築物です。蔵王殿と藍染堂の二つの堂からなり、修験道の本尊である蔵王権現が安置されています。断崖絶壁の岩窟に建てられていることから、「役の行者（えんのぎょうじゃ）」がふもとで組み立てたお堂を投げ入れたとの言い伝えから、この名が付いたと言われています。（日本海新聞二〇〇七年五月十一日付）

写真 4　投入堂
（写真提供：新日本海新聞社）

この木造建築の技はすばらしいとしかいいようがありません。最近大規模な修理がおこなわれ、その際に材料の一部を採って年輪年代法によって調べたところ、室町時代に伐採された木材が使われていることが判明しました。したがって、この建築はこの時代に建てられたものであることが確認されました。信仰の力が偉大であることに感服させられる木造の建造物です。

●木の名前を付けたユニークな杉（スギ）神社

日本で唯一、「スギの精霊」を奉る「杉神社」が鳥取県智頭町にあります。巨木などをご神木とした神社はよくありますが、木の名前をつけた、しかもご神体がスギの樹形をかたどった三角形の塔（**写真5**）というのは他にありません。国道から少し入ったところの渓谷を囲む緑陰に、コンクリート製の白亜の塔がそびえ立っています。スギの町・智頭町ならではのとてもユニークな神社です。

一九五〇年代の日本経済が急激な生長をしていた時代、智頭町の林業も非常に活気をおびてスギ林は乱伐されていきました。その様子を見て山林の荒廃を心配された、町議会議員の米井信次郎氏によって創建されました。そして、造林運動を起こし、住民の意識を鼓舞するためのシンボルとなったとのことですが、今も林業の発展や作業の安全を祈念してお参りする人が多いそうです。春の例大祭では、こども御輿が出たりして賑わい、スギの町の繁栄を祈っています（日本海新聞二〇〇七年五月十一日付）。

写真5　杉神社のご神体
（写真提供：新日本海新聞社）

（作野）

おもしろ木のあれこれ

風情のある力強い木――カラマツ

「からまつの林を過ぎて、からまつをしみじみと見き。からまつはさびしかりけり。たびゆくはさびしかりけり」。有名な北原白秋(1885〜1942)が36歳の時に書いた詩“落葉松”の冒頭の句です。特に冬季、銀世界の中にたたずむカラマツ林を眺めるときに詩情を感じ、思い起こすことのある名句です。

日本の針葉樹のなかで冬に落葉する特異な樹種であることから、落葉松とも記されますし、漢字名の“唐松”は“韓松”が語源であるといわれています。カラは異国の意。わが国では本州に自生しており、北限・南限・西限はそれぞれ宮城県・静岡県および石川県白山山系ですが、富士山にも多く自生するためフジマツとも呼ばれています。このような植生状況ではありますが、信州地方から移植されたカラマツは北海道の主要造林樹種として採りあげられています。

ここでわが国の人工造林の様子を2007年の資料から眺めてみましょう。わが国立木地面積の43％強を占める人工林には全蓄積の58％の樹木が生育しており、そのうち98％は針葉樹です。主要な樹種はスギ、ヒノキ、マツ類とカラマツで、構成面積比はそれぞれ44.9、25.5、9.0、10.4、蓄積量は58.2、21.5、7.5および8.7の割合となっています。さらに樹種についての地域特性を人工造林面積から伺い知ることができます。スギは秋田県(6.44％)と宮崎県(6.32％)、ヒノキは岡山(9.67％)・広島(8.81％)の両県の造林実績が最も大きく、カラマツは北海道(90.21％)での造林が極端に多く岩手県が続いています。

北海道では第二次世界大戦後(1945年)に成長の早い樹種として造林が奨励され、2007年度にはグイマツを含む造林カラマツ類の40％以上が林齢36〜40年生となっています。植栽を進めると共にカラマツ材の利用を拡大のため、1960年頃から公的機関や大学で利用技術の開発研究おこなわれ、1970年頃からは民間企業も参入したなかで使いにくさもあるカラマツの有用資源化に向けた科学的な検討が行われてきました。現在では狂いやすくヤニが多いなどの問題の解決策が提示されています。なお、カラマツ材の平均的な気乾密度(0.50 g/cm^3)はヒノキ(0.44)やスギ・トドマツ(0.38)より高く、小口面のブリネル硬さも大きいため、堅くて密度の大きな強い材料といえます。高密度の原因は、晩材密度と晩材率が高いことによります。

永年の研究によっていろいろな問題点を解決しながら、成長の良いカラマツの利点を全面に押し出した施策は、森林業の活性化に役立つことでしょう。

なおカラマツの生育特性から、研究者は次の様な警告をしています。

「用途を意識して育林をしていくことが重要である」

（阿部）

第8話　伝統文化と木

●日本の伝統文化と木

日本の伝統文化と一言でいってもそれは非常に多岐にわたっています。しかし、いずれにしてもそれらは人々の日常生活の中から伝統的に受け継がれてきた文化的なもので、生活道具であったり、お祭りなどの行事にまつわるものであったり、芸能、芸術、教養文化活動から生まれたものなどであります。そういった伝統文化と木のかかわりは非常に強く、木がなければ生まれてこなかったものがほとんどです。

日常の道具から生まれた伝統文化として食器などの木の生地に耐久性と装飾のために施された漆塗りの器「漆器」があげられます。お祭りから生まれた文化といえば、御輿（みこし）、山車（だし）、といった大型のものから笛、太鼓といった小道具やからくり人形などもあります。芸能では伝統文化といえばまず歌舞伎があげられ、また木で作った面が使われる能や狂言などがあります。そして、芸能に欠かせないのが鳴り物の三味線、琴などでいずれも木を使ったものです。さらに、仏像彫刻、†象嵌細（ぞうがんざい）

工、こけし、茶道具など木を使った日本の伝統文化は枚挙に暇を得ません。

　このように、多岐多様に木が使われている伝統文化の中から漆器と和楽器を取り上げて、すこし詳しく見てみましょう。

●漆　器

　英語で磁器を「china（チャイナ）」と呼ぶのに対して漆器を「japan（ジャパン）」と呼ぶことから、欧米では漆器は日本の特産品と考えられています。第6話に「珠玉の産品―ジャパン」と称して漆についてくわしく記載されていますが、ここでは漆塗りの技術が伝統文化として伝承され、漆器がその成果を示す作品となっていることから、漆器についてお話しします。

　漆はウルシの木等から採取した樹液を加工した、ウルシオールを主成分とした天然樹脂塗料です。ウルシの木から樹液を採ることを「漆掻（うるしか）き」あるいは「漆を掻く」といいますが、現在日本では国産の漆生産量はごく僅かで大半が中国から輸入されています。漆器の技術はウルシの木とともに中国から伝わったと考えられていましたが、日本のウルシの木はＤＮＡ分析の結果日本固有種であることが確認されたことから、漆器の日本起源説もあるとのことです。日本では朱の漆器は縄文時代前期には作られていたのですが、黒漆の漆器が作られたのは弥生時代以降だそうです。現存する日本最古の漆器は約六千年前に作られたものとされる朱塗りの櫛（鳥浜遺跡より出土）だそうです。

　漆器の製造工程は漆の精製から木地の加工、下地工程、塗り工程などに大きく分けられますが、細かな工程を挙げれば三〇～四〇工程にもなり大変複雑だそうです。漆器に用いられる技法として次のものがあります。蒔絵（まきえ）は上塗りした漆器表面に漆をしみ込ませた筆などで文様や絵を描き、これが乾く前に金や銀の箔や粉末を貼り付けたり、蒔いて文様や絵を定着させる手法です。平蒔絵、研出蒔絵、高蒔絵などの技法があります。沈金（ちんきん）は上塗りした漆器具などの表面に彫刻刀のような小さな刃物で文様や絵を彫り込み、そのミゾに漆を刷り込み、乾く前に金や銀の箔や粉沫、顔料などを埋め込む手法です。螺鈿（らでん）は夜光貝や鮑貝の貝殻を一㎜ほどの薄い板状物を切り出し、これから文様や絵の形の貝薄片を切り取り、漆塗り製品に貼り付ける技法です。拭き漆（ふきうるし）は顔料を加えていない漆を木地に塗って、拭き取る作業を何度も繰り返し、木目を鮮やかに見せる手法です。

産地によって、津軽漆器（青森県）、能代春慶（秋田県）、会津漆器（福島県）、江戸漆器（東京都）、京漆器（京都府）、郷原漆器（岡山県）、八雲塗（島根県）などの名称で日本各地で漆器が作られています。

漆塗りをほどこすための木地が必要ですが、その木地の材料としては、ほとんどが地元で容易に採取できる広葉樹が用いられてきました。漆塗りの技術は伝統的に古くから受け継がれ、伝承されてきました。例えば、鳥取市の郊外には漆塗りを伝承するための学校「気高郡立工業徒弟学校」が明治時代に作られて、技術が地域で伝承されるように配慮されました。その学校には指物科（さしものか）と挽物科（ひきものか）があり、指物や挽物に漆塗りをほどこし、さらに、蒔絵をほどこすところまでの技術を教えられるようになっていました。こうして、伝統文化を継承するための努力がなされましたが、残念ながらその学校は資金難から、その後廃校になってしまいました（篠村　一九七六）。

●和楽器

日本の伝統芸能になくてはならない和楽器には、和太鼓、三味線、鼓、琴などがありますが、ここでは和太鼓と三味線についてお話しします。

和楽器の中でも特に大きな音を出すのが和太鼓です。和太鼓には長胴太鼓、平太鼓、締太鼓、桶太鼓などがあります。和太鼓のメーカーは全国各地にありますが、それぞれの地域によって製作の仕方は少しずつ違います。しかし、いずれにしても胴の部分は木材で作られますが、その一般的な製造工程は次のようになります。①原木の調整：原木を伐採、乾燥する。②玉切り・胴くり：木の太さに合わせて、長さを決めて裁断する。丸太の中をくり抜き、胴の中心を出し、内側を太鼓の形に合わせて仕上げる。③乾燥：直射日光の当たらない場所で、最低五年くらい自然乾燥させる。④削り：胴の外側をカンナがけし、太鼓の形に仕上げる。⑤皮張り：木槌で皮を打ち、使用用途に合わせた音に調整する。⑥鋲打ち：音の調整が終わったところで、音がかわらないように、すぐ鋲を打つ。⑦皮と胴体の仕上げを行って完成します。

また、三味線は和楽器でも比較的歴史は浅く、十五〜十六世紀に作られたと言われ、有棹弦楽器で、もっぱらはじいて演奏される撥弦楽器です。三味線は音楽の種目によって細部は異なっていますが、四角状の扁平な木製の胴の両面に皮を張り、胴を貫通して伸びる棹に張られた弦を、銀杏形の撥で弾いて演奏します。近世邦楽の、特に地唄、箏曲などでは「三弦（さんしぇん）」または「三絃（さんげん）」と呼ばれ、沖縄では「三線（さんしん）」と呼ばれています。

三味線の本体は「天神」（糸倉）、「棹」（ネック）、「胴」（ボディ）から成り、それぞれ木で造られます。素材には高級品ではインド産の紅木（こうき）材を用いますが、東南アジア産の紫檀（したん）、花林（かりん）などの棹もあり、そのほかにも硬く、緻密で高密度の材が使われています。胴には花林が用いられます。

私たちの心に響く和楽器の調べにも、木の存在は欠かせないものといえます。


（作野）

おもしろ木のあれこれ

木材自給率を下げた木――ベイツガ

最多輸入木材　日本は木材やその加工製品を輸入しています。世界有数の森林国であるのに木材自給率は 18 % を下回っています。食糧・食料自給率が低くて危惧されていますが、木材はこれを大きく下回っています。さて、現在、最も多く輸入されている木材は何か、ご存知ですか。著者が木材を学び始めた半世紀前は東南アジアから輸入されるラワンやアピトンなどのフタバガキ科木材がこの位置にありました。これらは丸太のままで輸入され、玉切りされた後、料理におけるダイコンのかつらむきのように薄く剥き取って薄板にされました。薄板は接着剤で貼り合わせて合板が造られ、合板やその加工製品は外貨を稼ぎました。日本が合板製造で世界をリードしていた時代のことです。

時移り、北米から輸入されるヘムロック（*Tsuga heterophylla*）がかつてのラワンやアピトンの位置を占めています。ヘムロックはベイツガとも呼ばれる木材ですが、値打ちに輸入できるので、国産樹木の伐採を減らしてしまいました。ちなみに、ベイツガは 2000 年、日本が輸入した北米産材、約 3,000 万 m^3 の中心を占めました。この年の輸入木材総量は約 8,100 万 m^3、木材総需要量は 1 億 100 万 m^3 でしたので、木材自給率はほぼ 20 % でした。

ベイツガとその仲間　ベイツガはマツ科、ツガ属に帰属します。ツガ属は世界に 10 種、うち 4 種が北米に分布しています。ウエスターンヘムロック種とマウンテインヘムロック種はアラスカ、カナダおよび米国本土の西側に、イースターンヘムロック種とカロリナヘムロック種はカナダと米国本土の東側に分布しています。ヨーロッパにはツガ属は分布していませんが、土壌の花粉分析はここにもツガ属が分布した時代のあったことを教えてくれます。ヨーロッパ固有種はこの地をたびたび襲った氷河のために絶滅しました。また、日本にはツガ（*T. Sieboldii*）とコメツガ（*T. diversifolia*）が分布しています。

ベイツガ材の評価　ツガやコメツガの材は硬さと粘りがあり、削れば美しい艶をみせます。特に、ツガは昔からヒノキに次ぐ良材に位置づけられていて、これで家を建てることを「ツガ普請」と呼んで賛辞しました。このようなツガ材の良いイメージに加え、北米産ツガ材の性状が良かったので、盛んに輸入され、建築、箱材、器具、紙パルプ製造などに使われているのです。

輸入されるベイツガ材やその製品はウエスターンヘムロック種だけではないので、様々な問題を引き起こしています。例えば、防腐処理時の問題です。このような柱や板を防腐処理すると、樹種ごとに薬剤の注入効果が違うので、現場では木材を種ごとに分け、それぞれ処理していますが、この選別はベテランの作業者はともかく、そうでない者には一大事です。　（大橋）

第9話　スポーツと木

●スポーツの用具と施設

オリンピックを頂点としたスポーツの競技があちこちで行なわれています。個人的に自由で自分の健康のために運動する人が沢山いて、いわゆるスポーツ人口は非常に多いでしょう。そのスポーツを行う場所は限られるもの、限られずどこでもできるものがあり、また道具の必要なもの、特に必要としないものがあります。たとえば、走るのはジョギングから始まって、マラソンにいたるまでの長距離走から世界最速を競う短距離走の一〇〇m競走まで、特に道具を必要としないし屋外のどこでもできます。もちろん、正式競技として記録を争うような大会の場合には、公認の競技場でスパイクなどを着用しなければなりませんが。また、水泳も道具は不用ですが、泳ぐための水がなければならないし、競技のためにはプールがなければできません。一方、屋外競技で道具を必要とするものは沢山ありますが、その代表は野球でしょう。一部ドーム球場など屋内の場合もありますが、大部分は屋外で行われます。野球用具といえばグラブとバットそしてボールですね。テニスも屋内でできますが大部分は屋外コートで行い、用具はラケットとボールそしてネットがなければできません。

また、いまや一、二を争う人気スポーツであるサッカーはボールとゴールネット（なくてもできないことはないですが）が必要です。また、とても広大な土地のコースを必要とするゴルフはクラブとボールが必要です。その他には弓と的が必要な弓道とアーチェリー（洋弓）、非常に特殊な用具・銃とその使用が認められた人しか出来ない射撃などがあります。

冬の屋外スポーツの代表はスキーやスノーボードでしょう。雪の積もった傾斜面を滑り降りるスリルと快感を味わうゲレンデスキー、スノーボード、モーグル、雪の野山や平地をひたすら歩くノルディックスキー、そして、高いところから飛び降りるスキージャンプ、ハーフパイプなどがありますが、いずれも「スキー」か「スノーボード」を履かねばできませんし、そのためにはスキー靴が必要です。スケートも屋外でも十分氷の張るリンクがあれば可能ですが、スケート靴がなければできないスポーツです。

屋内で行うスポーツはほとんどがいわゆる体育館といわれる施設で行われます。最近ではスポーツセンターとかスポーツアリーナなどともよばれています。その施設内で行われるスポーツは非常に沢山ありますが、代表的なのは球技でバスケットボールではボールとバスケットリングが、バレーボールではボールとネット、ハンドボールではボールとゴールネットがそれぞれ必要です。卓球（ピンポン）はピンポン球と卓球台が、バドミントンはラケットとシャトルコックそしてネットがそれぞれ必要です。その他種目毎に用具を必要とする体操や女子の新体操（男子は一般に用具を必要としない）、特殊な用具を必要とするトランポリンやフェンシングなど多数のスポーツが行なわれます。また、屋内でも武道場あるいは武道館で行われるスポーツで、用具を使わない柔道、レスリング（ただしタタミやマットが敷いてある）、空手、合気道、そして、竹刀（しない）と防具を必要とする剣道などがあります。さらに、特殊な施設とボールとピンが必要なボーリングもあります。

これらのスポーツにはそれぞれの用具にあるいは施設に多くの木材が使われています。それらの木材はそれぞれのスポーツに適した樹種を、そして、適した形状に加工して使われています。

●野球のバット

野球といえばピッチャーがボールを投げて、そのボールを打つゲームですが、プロ野球の一部の場合を除くと練習であれ試合であれ参加している全員がバットでボールを打ちます。そのバットは材料が何であれ棒であればいいのですが、人間が持って振り回すのですから、鉄のようにあまり重たかったらうまく振れないし、危険でもあり具合が悪いです。また、発泡スチロールのような軽すぎるものではボールが当たったら折れてしまうのでこれまた具合が悪いでしょう。そこで、ボールの種類によってバットも異なった材料が使われます。半世紀以上前のことになりましたが、日本は第二次世界大戦直後で敗戦国となって、食料も物資も不足していてみんながスポーツをやる余裕など無い時代でした。それでも子供達はいろいろな工夫をして遊びましたが、その中に野球らしき遊び、すなわちボールを投げて棒で打つゲームに興じました。

実はアメリカで始まった野球（ベースボール）は戦争中敵国のものとして禁止されるか、あるいは日本語のみを使ってやるように厳しく制限されていました。ところが戦後になってアメリカに統治された日本は進駐軍が各地に駐留していましたが、彼らアメリカ兵は自由奔放にみえる振る舞いで、スポーツもいろいろやって楽しんでいました。そんな中、日本人もぼちぼち貧しいながらも、いろいろな工夫をしてスポーツ、特に野球も出来るようになってきました。

その後、発展をとげた日本では野球がますます盛んになって、バットはメーカーで製造されたものが子供用のものも含めて流通して、使われるようになってきました。バットに使われる木はほとんどが広葉樹ですが、木目の通直でない木でも使われることもあるので、折れることが多くて危険だったり、経済的にも有利だというような理由ではなかったかと思いますが、金属製の「金属バット」が登場しました。これならめったに折れることはなく、とても長持ちしますのでもっぱらこの金属バットが使われるようになりました。金属バットも使用するボールに対応したものがあり、硬式用、軟式用、ソフトボール用などがあります。硬式ボールを使用する高校野球では金属バットの他木製バット、木片や竹の接合バットの使用が認められています。しかし、社会人野球とプロ野球では木製バットのみが使用できることになっています。特にプロ野球では一本の木材のみから作られた木製バットのみが使用されていますし、国際大会でも木製バットが使用されます。

木製バットの材料にはアメリカではアッシュ、ハードメープル、ヒッコリーなどが使用されてい

表1　松井選手のバットの変遷

年	重量(g)	材質	全長(cm)	A(mm)	B(mm)	C(mm)
93	920～930	アオダモ	86.5	データなし		
94	920～930	アオダモ	87	24.2	210	49.5
95	940～950	アオダモ	87.5	24	210	47
96	940～950	アオダモ	87.5	24	210	46
97	940～950	アオダモ	89	24	210	47.5
98	940～950	アオダモ	89	23.5	210	46.5
99	940～950	アオダモ	89	23.5	210	45.5
00	920～930	アオダモ	87.5	23.5	210	45
01	920～930	アオダモ	87.2	23.5	210	45
02	915	アオダモ	86.5	23.8	210	44
03	900～910	未　定	87.5	23.8	210	47.5

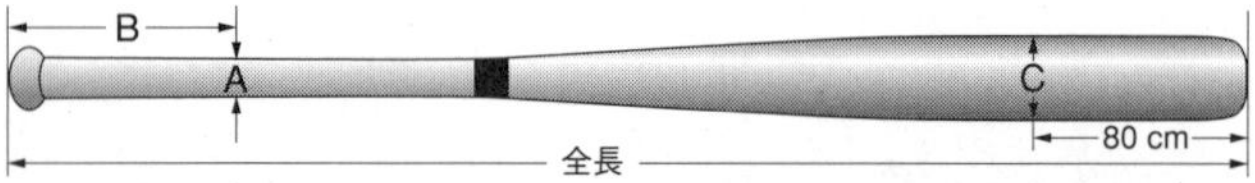

写真1　松井秀喜博物館

ます。日本のプロ野球では「材質が柔らかく、振ったときにしなりがでる」としてヤチダモやアオダモがよく使われ、特に良質なバット材として北海道のアオダモが好まれています。

最近では日本のプロ野球からアメリカのメジャーリーグに移籍する選手が多いのですが、野手では不可欠のバットを日本で作ることが多いそうです。アオダモのバットとして使えるのは樹令八十~九十年のものだということで、良質材の確保が近年難しくなってきており、アメリカ産のホワイトアッシュなどを使うようになってきています。メジャーリーグで活躍中のイチロー選手も松井秀喜選手も日本のバットマイスターの久保田五十一さんが作られるアオダモのバットを使用しているとのことです。松井選手の使ってきたバットについてのデータが**表1**にありますが(朝日新聞二〇〇二)、樹種はすべてアオダモが使われています。しかし、二〇〇三年以降アメリカではメープルやホワイトアッシュのバットが使われているかもしれません。二〇〇八年には、松井選手の出身地(石川県能美市山口町)に「松井秀喜野球博物館」(**写真1**)が開館して、バットなどいろいろな資料が展示されています。

●体育館の床

体育館の床は各種のスポーツ競技でのボールのバウンドに対する適度の硬さとスポーツ中のけがを防ぐためのクッション性や、多くの人が一斉に飛び跳ねたりすることに対する耐久性など、さまざまな性能が求められます。例えばバレーボールやバスケットボール、ハンドボールといったジャンプすることが基本となっている競技では、集中的な衝撃を受けることになりますので、それに耐える耐久性が必要であるとともにクッション性があってスポーツをやる人の体に受ける衝撃ができるだけ小さくなるような構造が要求されます。

木材はコンクリートや大理石に比べて衝撃吸収力が大きく、転倒などによるけがに対して安全です。また、体育館は各種学校行事やイベント、非常時避難場所として、スポーツ以外での使用も想定しなければなりません。したがって、面積的に広いところに均一な材質で、しかも床面の美しさもそなえていなければなりません。最近、体育館床下地構造材にはパーティクルボード[†]が使われて、衝撃を吸収するゴムクッションの付いた専用の脚で支えられているものが使われています。その上に合板の床下地を貼って、表面材に体育館用の積層フローリングが貼られます。フローリング表面には美しくて丈夫なカバ、ミズメ、イタヤカエデ(メープル)などが、また、ナラやブナも独特な木目の美しさが好まれて使われています。

●スキーの板

スキーの板といえばかつては無垢(むく)の材で作られていました。しかし、今のスキーでは木材がほとんど使われない複合材で作られています。その板もアルペン、ジャンプ、クロスカントリーなどの各種目によって異なっています。

日本で初めてスキーが製作されたのは明治四十四年、新潟県高田市の大工・横山喜作が堀内大佐の命令で作ったのが始まりといわれていますが、用材には高田の湿雪に合ったケヤキやクリが選ばれました。スキー板には摩擦と水分に耐えられることが要求されます。一枚板の単板スキーには弾力性のあるヒッコリーが最良といわれますが日本ではイタヤカエデやナラなどが用いられてきました。一九三〇年代頃から薄い板二枚の間に別材を挟んだ合板が開発され、一九五〇年代になると合成樹脂やグラスファイバーも用いられるようになってきました。そして、現在では樹脂を発泡させて一体成型するインジェクションスキーが主流となっています。

(作野)

おもしろ木のあれこれ

昔は無駄な木、いまは貴重な木——ブナ

ブナ（*Fagus crenata*）は漢字で橅・山毛欅などと書かれます。高木で広く分布していますが、腐り易く狂いやすいため日本の古代家屋の建材としては不向きであるという認識から、利用価値の少ない“分の無い木”あるいは“歩合のよくない木”という意味から“橅”の字が当てはめられたと言われています。しかし、20 世紀の始め頃から曲げ木家具材として、また第二次世界大戦後にはフローリング用材としての需要が増加し大量に利用されるようになってきました。硬く曲げ加工性にすぐれ、美しい斑をもつ白木を産出するブナの木ですが、成長速度が遅く単位面積当たりの蓄積量も針葉樹の半分くらいであるため、人工的に植林することも殆どありませんでした。

一方、木の実は固い殻に包まれていますが、炒ったものはクリのように美味しいためソバノキ（蕎麦木）ともいわれています。ヨーロッパでは、ブナやナラの実が落ちる秋になると林内に豚を放牧して太らせ、ハム・ベーコンなどに加工していました。フランスではブナの実から搾った油を食用や灯り用として利用していましたし、中・近世では子供たちのおやつとしても貴重なものでした。ラテン語のブナ（Fagus）はギリシャ語の“食う（phago）”に由来しているといわれているように、ブナの実は人間や動物にとって大事な食品であったのです。Beech（英）の原義も“食用となる実のなる木”となっており、ブナ林の価値は、樹木の生長量より、木の実の生産量によって決まっていました。

人類の文化活動に不可欠な筆写材料としても活用されていました。古代ヨーロッパにおける筆写材料である羊皮紙は高価なため、“木簡”のように、薄く剥いだ白いブナ材に文字を書いていました。ドイツ語の“本（Buch）”の原義は、字を刻んだ“ぶな（Buche）”の板となっていますし、“book（英）”は Buch に対応しています。

一方、環境保全の面からもブナ林の価値を大きく見直す必要があります。ブナ林は年間 10 トン/ 1 ha の枝葉を落とし、適度の速度で分解されて保水性に富んだ腐植土を産出します。分解が遅すぎると腐植土の形成が遅くなって好ましくありませんが、分解が速すぎると保水性のよい土壌有機層が形成されないことになります。適度な分解速度で、栄養に富み保水性にすぐれ洪水の防止にも役立つ森林が形成されてくる基になるのです。

近年ブナ材用途の多様化と高級化につれて貴重材となってきたので、“樻”と書いてブナと呼ばせることも提案されていますし、また間伐、択伐による天然更新によってブナ林の育成に積極的にとり組んでいる例もみられます。まさしく昔は木でない“橅”の木も貴重な“樻”となっています。 （阿部）

第10話　木々の香りと健康

●臭覚の意義

わが国は今、空前の健康・保健ブームの渦中にあります。人の健康の回復、維持、増強などのために食物、スポーツ、保健・医薬品など、様々な立場の処方、処方箋が巷に溢れています。健康への思いは老若男女を問わず、切実です。人類は誕生以来、視、聴、臭、味、触の五感覚を頼りに生き抜いてきました。例えば、ここで注目する臭覚は太古、食べ物を探す、危険な場所や物を感知するなどで大変に役に立ちました。時を経た今日、臭覚の意義は低下したかのようにみえますが、実はそうではなく、一段と高まっています。最近の医学研究は匂いは鼻に働きかけて感じるだけでなく、もっと奥深いところに働きかけて心身の活動を支えていることを説明し始めました。

始めに、匂いと臭覚の基礎を整理しておきます。匂いの実体は揮発性化合物です。人がこれの漂っている中におかれると、これは人の鼻腔に飛び込み、鼻腔内に散在する臭覚細胞を刺激します。この刺激を人は匂いとして知覚します。この知覚が臭覚です。人などの動物は匂い分子に刺激されて匂いを知覚しますが、匂い分子濃度を下げてゆくと、匂いを知覚できなくなります。この時の濃度を閾値と言いますが、この大小で鼻の能力が比べられます。例えば、人の閾値は犬の千分の一から百万分の一です。この差は匂い分子を捕捉する細胞数が人は犬に比べて極端に少ないためであると説明されています。なお、閾値は匂い分子の種類や感知時の体調で変わります。また、人はある匂いを嗅ぎ続けるとこれを知覚しなくなりますが、この時、別種の匂い分子によって刺激されると、これを新たな匂いとして知覚できます。この現象を「選択的臭覚疲労」と言います。

ここでは樹木や木材の匂いと人の健康について考えるのですが、この関係を匂い分子の多少（密度）で分けて考えてみます。例えば匂い分子が、森のような解放された空間に漂っている、壁や幕などで仕切られた空間に立ちこめている、多量の匂い分子と接触する場合に分けてみます。著者がこの三場面に相応しいキーワードを二つずつあげるとすると、森とフィトンチッド、和室と木の匂い、アロマセラピーと精油になります。これらキーワードコンビを念頭に話を進めます。

●森に漂う匂い、フィトンチッドと森林浴

最初は、森に漂っている匂いと健康についてです。人は森を散策するのが好きですが、これは人が森で生まれ、育まれた履歴をもっているからでしょう。森の散策は人が緊張を解き、身体を動かすことなので、健康によいのは当然です。森や林を散策することを森林浴と言いますが、林野庁はかつて、森林浴を推奨したことがあります。

さて、森林浴が健康の増進・維持に効果があるとする陰に、森に漂よう雰囲気があります。一九三〇年、ロシア、レーニングラード大学のＰ・Ｈ・トーキンはこの雰囲気成分をフィトンチッド(phytoncides)と呼ぼうと提案しました。この語は「植物の」の意味のphytoと、「殺すもの」の意味のcideの合成語です。フィトンチッドは本来、植物が己のために生成し、葉や樹皮から発散、機能させている成分で、分子量が小さく、沸点が低く、揮発し易いモノテルペンや一部のセスキテルペンから成り立っています。植物が発しているこれら成分を集めたものを精油と言います。

最近の精油研究では、精油に人をくつろがせる、気分を一新させるなどの効用のあることを具体的に解明しています。例えば、精油が人の中枢神経を興奮させたり、瞳孔の収縮速度や散瞳速度を高めるなどです。また、精油を構成しているテルペン個々による刺激試験でも、例えば、α－ピネンは副交感神経の活動を亢進し、交感神経の活動を抑制することを解明しました。このように、森林浴がもつ、人の心身を鎮静し、疲労を回復するなどの効用を詳しく説明しつつあります。

●匂い成分の生産者である植物自身に対する効果

植物は一カ所に根付いて身動きできない、受け身の生物ですが、逞しく生き抜いています。これにフィトンチッドが深く関わっています。森のフィトンチッドは木本植物(樹木)起源のものが中心をなし、これらは生産者である樹木の生命を守るために機能しています。微生物、動物、さらには他の植物に対して殺菌、抗菌、殺虫、忌避、誘引、発芽阻害、生育阻害などの生理活性も発現しているのです。このフィトンチッドによって樹木を中心とした森や林の生物の均衡が維持されています。なお、こうした成分を生態相関物質、生態活性物質などと呼んでいる学問分野、化学生態学(chemical ecology)があります。この歴史は新しいのですが、注目されています。

森には生きている木本植物や草本植物が発散している匂い成分だけでなく、植物の落葉、落枝、倒木、枯れ草、キノコでイメージされる微生物、さらに動物やそれらの遺体などが発散している匂い(ほとんどは悪臭)も漂っているはずですが、実際の森の中は実に爽やかです。この爽やかさの陰には森の浄化作用があります。すなわち、生きている植物、特に樹木が臭い匂い成分を吸着しています。加えて、マスキングとして理解されているいろいろな匂い成分による中和、相殺、変調などの化学反応も進行しています。これらの作用によって森は清浄に維持されています。

ついでに、著者はかつて、この森林の浄化作用に関し、高校生対象の大学紹介の催しで、「樹皮のすばらしい消臭能」と題したミニ講義と実演をしていました。実演では、スギの樹皮粉をデシケータの底に敷き詰め、仕切り板上にアンモニア水を垂らした脱脂綿を置いて蓋をして一時間ほど放置しますと、アンモニア臭は知覚できなくなりました。実験前後のアンモニア臭を高校生さんの鼻と、アンモニア検知キットで測定して確認しました。この実演はいつも好評でした。

●立ちこめる匂い

次は、幕や壁で区切られた空間に漂う匂いと健康です。この卑近な例は和室です。ここには天井、壁、柱、畳床などがあり、これらを構成している木材や畳イグサが発する匂いがたちこめています。これは著者の大好きな空間です。木の国の日本人にとり、最近まで、こうした木質の匂いに包まれる暮しはごく普通のことでしたが、これが急激に失われています。木質とこれが発する香りの効用を知る者にはこの変貌は嘆かわしく、寂しいかぎりです。

木質空間には確かな効用がいろいろあります。例えば、日本を代表するヒノキ造りの部屋には湿度を整える、人をくつろがせることなどに加え、イエダニの発生を抑える、微生物やカビの繁殖を抑制する、ゴキブリを排除するなど、ヒノキならではの効用も加わります。ヒノキなどの木造の家で暮すのは健康に暮らすことなのです。人は木とその香りに包まれて健やかに暮す生活へ回帰すべきであると考えます。身の回りを石油、天然ガス、金属から造った内装部材で覆い、抗菌グッズをはべらせて「健康生活を志向している」とするのは如何なものでしょうか。こうした生活がアトピーやアレルギーに悩む人を増やしていると説く、医師の声に真摯に耳を傾けたいものです。

世界には人々が長い暮しを通して選び出した、すばらしい木材が知られています。例えば、マホガニー、チーク、ローズウッドなどです。これらで建てた家に暮らす人もヒノキの家で暮らす人同様に健やかです。少し道草します。ヨーロッパは高緯度に位置しており、過去に何度も氷河に覆われました。このため、この地に固有の植物種を数多く失いました。樹木もこの例外ではありませんでした。そこで、この地の人々は優れた木材を域外に求めました。彼らが金、銀、香料、香辛料を海外に求めたことはよく語られていますが、木材もそうであったことは意外に知られていません。

彼らは海外雄飛の結果、多くの良材を手に入れ、これらで家を建てたり、石やレンガ造りの家の内側を飾ることができました。また、次なる雄飛のための巨船も建造できました。

●樹木の匂いあれこれ

樹や木材の匂い成分は樹が日常的に生成しているもの、樹が微生物などの攻撃に即応して生成するもの、活きている樹や死んだ木に侵入、寄生した微生物が構成成分を分解して造るものに分けられます。これらは樹や木材を切り刻んだり、粉砕したものを水蒸気蒸留して得られる油状成分で、匂いの実体です。参考までに、匂い成分は他にも、青葉アルコールや青葉アルデヒドと呼ぶもの、芳香族成分やアルカロイドの一部なども知られています。こうした成分の多くは通常、植物の、種類、部位、生育段階、生育地、生育時期などで顔ぶれと保有量が違うのが普通です。これこそは植物が生長に合わせて生成し、機能させている二次代謝成分本来の姿でもあります。

芳香を発する成分を蓄積している樹木、例えば、サンダルウッド(白檀)、ガハル(沈香)、アギャラク(伽羅)があります。これらは香木と言われ、癒しに使われています。これら中にはその重さ以上の金に値するとして高価に売買されるものもあります。参考までに、東大寺、正倉院の御物で、「蘭奢待」と命名された香木は天下一と評価されて今に伝わっています。蘭奢待という文字中に、この香木の持ち主、「東大寺」の名前が隠されています。昔の人は粋でした。

なお、多量の匂い分子と健康については別項で述べています(第11話参照)。

(大橋)

第11話　触れる匂いアロマセラピー

　ここの項では、多量の匂い成分に人が直接触れる場合と健康について考えます。エジプトの古代遺跡の壁画に香油の壺や香炉を捧げている人物が多数描かれているように、匂い成分を人の心身の癒しや健康増進のため用いる芳香療法には長い歴史があります。匂い成分による療法の一つ、アロマセラピーに注目します。皆さんは意外に思われるかもしれませんが、「芳香性物質による療法」という意味をもつアロマテラピーなる用語はフランスの化学者、R・M・ガットフォセが一九二八年に初めて使った造語で、この歴史は新しいものです。参考までに、アロマセラピーは英語、アロマテラピーは仏語であって両者の概念に違いはありません。

●アロマセラピーの立場

　アロマセラピーは自然の力を利用する療法として発展することを目指しており、具体的な病気や傷害を治療する医学療法とは一線を画すようにしています。事実、日本アロマテラピー協会刊行の資料によると、アロマセラピーの基本的な考え方とは「植物には固有の香り(精油)があり、精油それぞれは特有の効用を有しているので、人の心や身体の癒しに役立つものを選んで利用すること」としています。最近、精油を構成する成分それぞれが固有の生理・薬理作用をもつことが解明されつつありますが、アロマセラピーではこれを突き詰めて利活用する立場はとらないとしています。

このようなアロマセラピーの基本的な姿勢を端的に表わしている表現として「ホリステックなアロマセラピー」があります。ホリステックはholisticと綴り、全体的なという意味で、この療法の大切な留意点です。アロマセラピーは精油を肌に塗り、マッサージしながら精油を擦り込んだり、マッサージ中に香り立つ精油成分を鼻から意識的に吸い込ませて心身を正常な状態に導く、匂い成分と濃密に関わり合う療法です。最近では、精油を全身浴や部分浴の入浴剤として使うようなことも採用されています。アロマセラピーは多様なストレスに曝されている現代人向きの保健・健康療法で、前途は有望であると著者は考察しています。

●アロマセラピーの作用

アロマセラピーではいろいろな精油が使われています。精油は草本植物起源のものが中心ですが、木本植物起源の、パイン、サイプレス、ユーカリ、シダーウッド、サンダルウッド、柑橘系樹木(マンダリン、グレープフルーツ、ベルガモット、プチグレン)などもあります。昨今のアロマセラピーでは精油を直接使わないように指導しています。これらはキャリアオイルと呼ぶアプリコットカーネルオイル、グレープシードオイル、サンフラワーオイルなどの植物油で一〇〇倍程度に稀釈して使うように指導しています。この指導事項もアロマセラピーの大事な約束事です。

ここで、アロマセラピーにおける精油成分の吸収と作用・効果についてまとめておきます。イギリスの生化学者Ｍ・モーリーは、アロマセラピーで精油が人体へ入る経路として最重要視しているのは、口から吸気した精油が肺で吸収される場合や、マッサージによって精油が皮膚から吸収される場合もあるが、精油を鼻粘膜から吸収し、鼻の奥の嗅細胞に捕捉させて刺激を発せさせるのが主要であると述べてます。そして、この刺激は神経線維を通して脳の大脳辺縁系へ伝わると述べています。なお、大脳辺縁系は感情や本能的な活動を司っている領域です。さらには、この部位に伝わった情報は免疫系を制御している視床下部へ伝わって血圧や心拍数を調節します。

前記とは別に、精油が吸収によっても体内に取り込まれ、血管やリンパ管を通して体内に行き渡って効果を発揮していることも指摘されていますが、この詳しいメカニズムはまだよく分かっていません。身体に吸収された精油は最終的に肝臓で分解されますが、体脂肪中に溶け込んで蓄積されるものも少ないと言われています。なお、ここでも、注意しておきたい点があります。精油の服用についてです。これは昨今のアロマセラピーで実施されていますが、精油を服用する場合には医師の指導に従うべきことを愛好者は留意すべきです。

●アロマセラピーの効果

精油は一般に、数十から数百種の成分から成る集合体ですので、アロマセラピーの効果は構成成分の数だけあることになります。最近のアロマセラピーでは数種の精油を混ぜて使うこともあるので、一層多くの効果が期待できる勘定になります。また、これら効果は精油構成成分個々の効果が相加的に発揮されるだけでなく、相乗的に発揮されることも考えられます。なお、この相乗効果ではある成分の効果が別の成分の効果と相まって増強される場合だけでなく、逆に減衰される場合も想定できます。さらには、ある成分のもつ毒性を別の成分が和らげるという相殺効果も考えられます。これら効果の関係はまだよく解明されていません。昨今のアロマセラピーでは、これらを具体的にでなく、総合的に期待するのがアロマセラピーのあり方であると説かれています。

アロマセラピーの目指すあり方は西洋医学よりも東洋医学のあり方と似ています。アロマセラピーの効果をまとめておきます。心身への効果に加え、皮膚への効果、細菌・ウイルス・昆虫に対する効果なども期待しています。まず、心身への効果を具体的に述べると、心身をリラックスさせる鎮静作用、炎症を和らげる鎮炎作用、血行を促して痛みをとる鎮痛作用、けいれんを鎮める鎮痙作用、免疫賦活作用、利尿作用、食欲増進作用、強壮作用、ホルモン調整作用、肥満抑制作用などです。また、皮膚への効果は保湿作用や収れん作用などです。さらに、細菌・ウイルス・昆虫に対する効果としては殺菌作用、抗菌作用、抗ウイルス作用、殺虫・虫よけ作用などがあげられます。

●人とにおい成分の深い係わり

本項目の終りに、匂い成分の係わりについて一言書き添えます。かつて、化学合成化合物のもたらした弊害が深刻、かつ甚大だったことの反動でしょうか、「天然物は安全」と強調されすぎたと著者はみています。このことに係わる注意点です。森林浴でフィトンチッドを楽しんだり、木造家屋内で構造木材や畳の匂いをかいで暮らすなど、人が低密度の匂い分子に接する場合には問題はありませんが、アロマセラピーのように高密度の匂い分子に触れる場合には注意することです。

昔の芳香療法や初期のアロマセラピーでは、植物体全体や特定部位を切り刻んだり、磨り潰したものを搾り取った絞り汁や、水やアルコールで大雑把に抽出した抽出物から得た精油が使われていました。これらでは精油全体やその構成成分が原因となるような問題や弊害の発生は皆無に近く、安心でした。むしろ、効果の点で、ややもの足りなさを感じたかもしれません。

一方、昨今のアロマセラピーには効率の良い抽出装置で得た精油が提供されています。特に最近、抽出効率が向上するとして登場した超臨界流体抽出装置や高圧蒸気による処理装置で得た精油が話題になっています。超臨界流体抽出装置による抽出は各精油構成成分の抽出効率が、従来の水蒸気蒸留や溶媒抽出による効率とは違うので、得られる精油の成分組成か大きく変わってしまっています。また、高圧蒸気処理装置では処理中、ある種の精油構成成分に化学変化が起きて変質するので、得られる精油の安全性に問題があります。したがって、精油と濃密に接触するアロマセラピーでは大変心配です。こうした精油は冒頭での記述のように、植物油で十分に希釈して使うことも考えられますが、これらの安全確認が済むまで、使わないのが無難です。

少しくどくなりましたが、天然物もほどほどに使っている分には問題ありませんが、経済優先、効率優先で得た、疑問のもたれる精油を繰り返し使う場合には精油中毒、皮膚アレルギー、発癌、妊娠時の危険性増加など、深刻な弊害の発生が懸念されます。くれぐれも注意を払って、匂い成分（精油）を人の健康維持・増進に役立てたいものです。

●ホリスチックなアロマセラピー

アロマセラピーを愛好したり、精油と濃密に接触する皆さんは今一度、「ホリスチックなアロマセラピー」の意味するところを思い起こしていただきたい。この注意を再度、喚起するにあたり、漢方・東洋医学における調薬の常識を紹介しておきます。ここでは、生薬は「単体として使わないで、混合物にして使え」という智恵を今に伝えています。漢方・東洋医学では成分を単体で用いることの危険を古くから洞察していました。

この知恵は「君臣佐使（くんしんさし）」の考え方に行き着きます。漢方の調薬では、「主役に、それを助ける脇役、そして、副作用を軽減するものを共存させよ」と教え、実践してきました。これは一種類の薬だけの処方がもたらす弊害を予測し、対策してきたことなのです。西洋医学でも最近になり、ある治療薬を処方する時、これのもたらす弊害、副作用を緩和する薬、例えば、胃腸や肝臓への負担を軽減する胃腸薬や肝臓薬を併せて処方するようなこと始めていますが。改めて、漢方・東洋医薬における調薬姿勢を素晴らしく思い、智恵の深さに脱帽する次第です。

（大橋）

おもしろ木のあれこれ

熱帯林再生の旗手——アカシアマンギウム

近年アカシアマンギウムが、熱帯地域での短伐期早生樹として注目されています。その背景には、世界の森林面積および蓄積量の 40 % 以上を占める熱帯林の消滅傾向が著しく、遺伝資源と地球環境の保全を図ることが急務であるとの認識によります。熱帯林を保全する一つの方法は早生樹種の造林・撫育を進め、さらに高品質材を産出し得る自然林回復えの努力をはらうと共に、熱帯林の経済価値を上げていくことが必要となります。エコロジカルと同時にエコノミカルな森林育成の必要性は、特定地域に限ることのない必須条件です。アマゾン地域貧困撲滅(POEMA)計画は、住民も含めた生命地域のエコロジーと経済性との適正なバランスを追求した興味深いプロジェクトではあります。

バラ目・マメ科に属するアカシア属はユーカリ類やマツ類と並んで熱帯における 3 大造林早生樹といわれていますが、約 650 の種類があります。オーストラリア原産のギンヨウアカシア(ハナアカシア)は切り花用として、またウロコアカシアやソウシジュ(想思樹)は熱帯地域の街路樹として植栽されています。インド原産のアセンヤクノキの心材からは、収斂性・抗菌性の阿仙薬(*catechu*)がとりだされ、薬用、黒色染料、皮なめし材として利用されます。アラビアゴムやアラビアゴム代替品を浸出するアラビアゴムノキやアラビアゴムモドキもアカシア類に属する植物です。

ワットルノキの樹皮には多量の縮合型タンニンを含んでおり、皮なめし剤の原料として知られています。日本でも、求核性の緩和なプロフィセニジン型タンニンを樹皮に含むモリシマアカシアは 1902 年に静岡県で最初に植えられ、悪地に耐え地力を増してくれる早生樹としてもてはやされたことがあります。熊本県天草地方を中心として植栽され 1965 年には 1,600 ha にも達しましたが、安価なチップの輸入や社会情勢の変化から見捨てられた経緯があります。この樹皮タンニンはいろいろな薬理効果をもち、またモリシマアカシアなどのプロフィセチジン型タンニンは、特にフェノール樹脂などのホルムアルデヒド系接着剤の硬化促進剤として有用です(第 28 話参照)。

アカシアマンギウムに対する日本の取組方は積極的であって、造林特性や材質・加工特性などが検討され、工業材料として問題のないことが報告されています。さらに樹皮の小規模利用実験ならびにファクトリートライアルによって、フェノール樹脂接着剤の硬化促進効果、接着剤の表面染みだし汚染防止効果、ホルムアルデヒド放散の抑止効果などを認めています。モリシマアカシアと同様に、マツ類の樹皮タンニンと異なって求核性の緩和な単位から構成されていることが好結果をもたらしたのでしょう。　(阿部)

第3編　森林とヒト③——資源・環境とのかかわり

第12話　人口増加と環境・資源問題

十一世紀頃までの世界人口は数億人程度で、ほぼ横這いの状態が続いていました。しかし十八世紀後半から始まった産業革命に成功して、人類が物資や人間の効率的な移動手段をてにしてからは、世界の人口が急増し（図1）、また人口増大にともなって我々の生活環境は大きく変化してきました。生活環境とは、人間活動のために必要な食糧・エネルギー・資源の需給状態や、エネルギー・資源の消費量増加に付随して問題となっている環境状況を意味しています。

●将来の人口予測

国内では出生率の減少が危惧されていますが、世界的には引き続き人口が増加する傾向にあることが問題となっています。世界銀行編の「世界人口長期推計'94／'95」によりますと、二〇一一年から二〇二三年の十二年間で一〇億人増加し八〇億人に達するものとしております。それ以降は人口問題についての啓蒙によって出生率は低下していきますが、十六年後には九〇億人、二十一年後の二〇六〇年には一〇〇億人になるものと予測しています。

人口の増加と生活水準の向上にともなって食糧・エネルギー資源の需要量は増加しますが、現在の食生活状況下で養うことのできる人口限度は八〇億人といわれています。また自然環境をふくめた生活環境も質的・量的に変化してきました。質的変化とは自然界に存在しなかった物質(生体異物質；xenobiotics)の出現による変化で、生体異物質としては二〇世紀最高の発明といわれ冷媒や発泡剤、洗浄剤として大量に消費されたフロン、ハロンなどをあげることができるでしょう。また大気中の二酸化炭素や水銀・鉛などの濃度が平常レベルから変化することは後者に関するものとなります。このような質的・量的変化は自然や生活環境に大きな影響をもたらし、人口の増加とともに地球温暖化やオゾン層の破壊などが今世紀最大の問題とされています。これらの変化を勘案して、アメリカの環境問題の研究所は地球延命のために世界人口を七〇億人までに抑制すべしと警告しています。

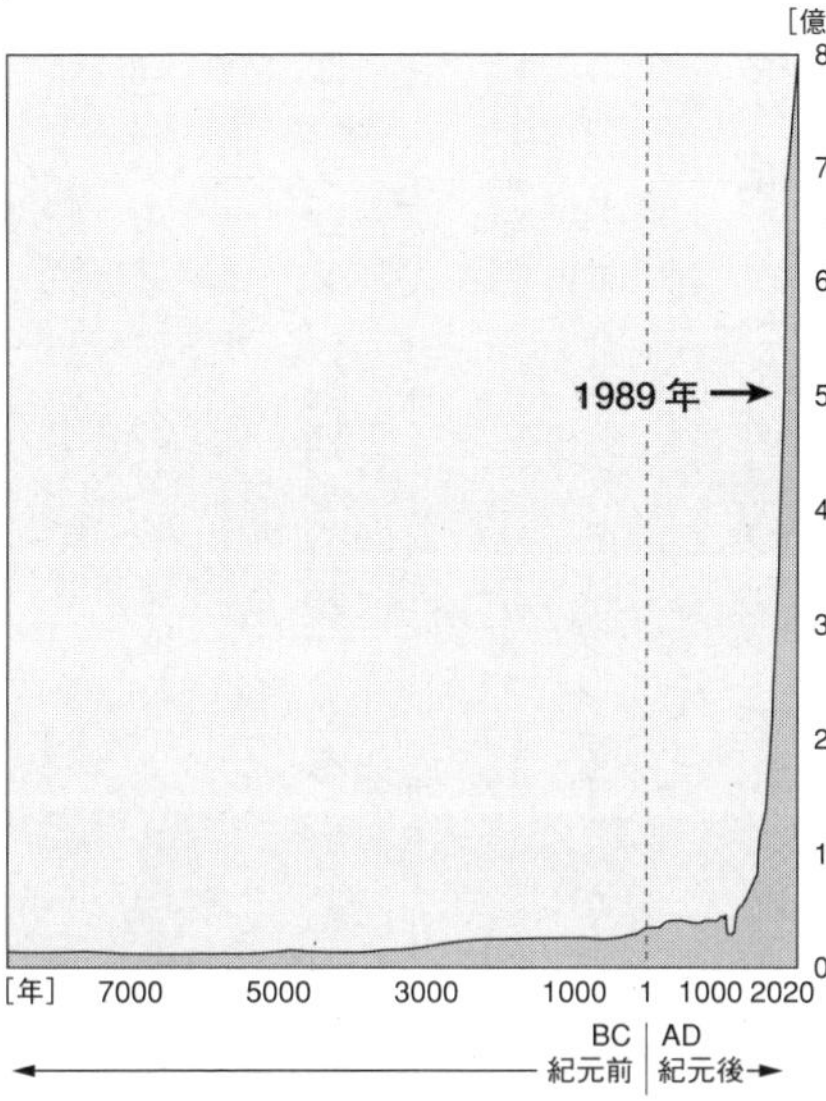

図1　世界の人口(近藤 1993)

●オゾン層の破壊と地球温暖化

地上で使われているフロンガスがオゾン層を破壊する可能性のあることは、一九七四年にローランド教授（カリフォルニア大学）によって提起されております。一九八二年には南極昭和基地の日本人研究者によってオゾン層に「穴」が開いていることが発見され、またこの穴（オゾンホール）の周辺からフロンの分解生成物である塩素化合物が高濃度で検出されたことから、フロンが大きな役割を果たしているものと断定されました。以上のような経緯によって、この安定で理想的な流体であるフロンの規制が重要であることが世界的に認識され、それまでの「ウイーン条約（一九八五年）」、「モントリオール議定書（一九八七年）」より厳しい規制である「ヘルシンキ宣言」が一九八九年に採択され、二〇〇〇年までにフロンの使用を全廃することになり現在にいたっております。このような規制によってもオゾンホールが発生しなくなるまでには五十年以上かかり二〇五〇年以降まで気の抜けない状況のようです。

現在最も大きな問題の一つとされる地球温暖化についてはどうでしょうか。地球の表面温度は長期間ほぼ一定となっていますが、地球上に入ってくるエネルギーと出ていくエネルギーの量のバランスがとれていることによります。地表面の平均温度は一五℃前後ですが、もし地球上空に大気層がなかった場合はマイナス一八℃と計算されます。この両温度の差（三三℃）は大気の存在による温室効果、すなわち大気が地表からの放射エネルギーを吸収し、再度地表面に放射する効果によります。したがって、熱エネルギーの吸収体である大気の組成が変化すると放射エネルギーも変化し、いわゆる温暖化現象が生じます。最近では温暖化によって南極の氷棚が相当量崩壊している事実も確認されており、海水位の上昇地域や土壌水分の不足地域、あるいは作物帯の移動する地域など、人類の生存に大きく影響するものと危惧されております。この温暖化に最も影響するガス（温室効果ガス）は多量に存在する水蒸気（寄与率六〇〜七〇％）であって、二酸化炭素（寄与率二五％）がそれに次いでいます。二酸化炭素以外の多くのガス（メタン・フロン・亜酸化窒素など）も**図2**に示すような寄与率で温暖化に影響しています。なお最近の資料によると、日本では温室効果ガスの約九割は二酸化炭素で占めているようです（本書93頁参照）。

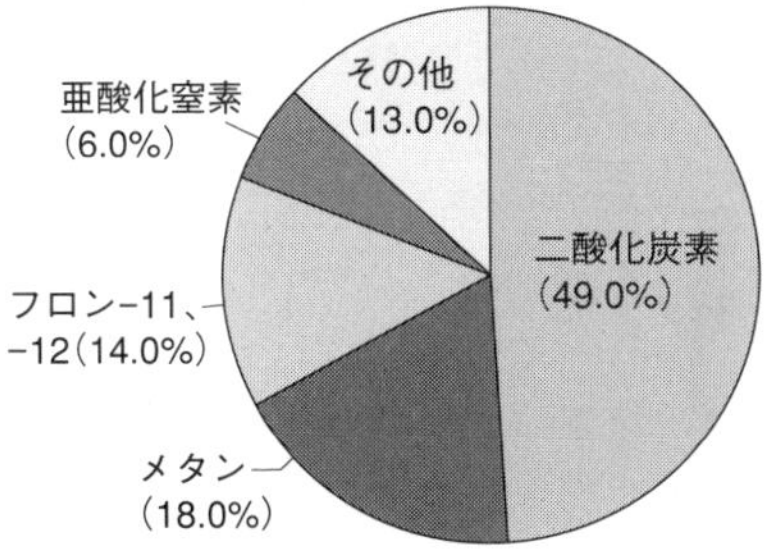

図 2　各種温室効果ガスの温暖化寄与率
（河村 1998より作成）

人間活動によって排出量が急増してきた二酸化炭素の規制については、「京都議定書（気候変動に関する国際連合枠組み条約京都議定書）」が二〇〇五（平成十七）年二月に発効されました。議定書では、二酸化炭素など自然の吸収能力以上に発生した温室効果ガスの排出量を、約束期間中（〇八年〜一二年）に九〇年の水準から少なくても五％、日本では六％削減するよう先進国に義務づけたものです。世界の二酸化炭素排出量は一九五〇年から一九七九年の三〇年間で四倍にも増加しており、さらに人口の増加や生活水準の向上によって、二〇〇〇年には二酸化炭素排出量は二一〇億トン、炭素換算量で五十七億トン（二一〇トン×一二／四四＝五七・二七億トン）になり一九九〇年の三・五倍に達するという予測もなされています。日本の場合でも排出量削減には大きな努力が必要ですが、地球丸を沈没しないようにするためには、全世界的にどうしても達成しなければならない目標です。

●化石資源の有限性

さて人間活動にともなって膨大なエネルギー・資源を消費してきたために我々の住む地球環境は悪化してきていますが、将来の資源供給状態はどうなのでしょうか。ＥＤＭＣ'09（日本エネルギー経済研究所編）や資源エネルギー庁出版の関連資料からとりまとめてみましょう。

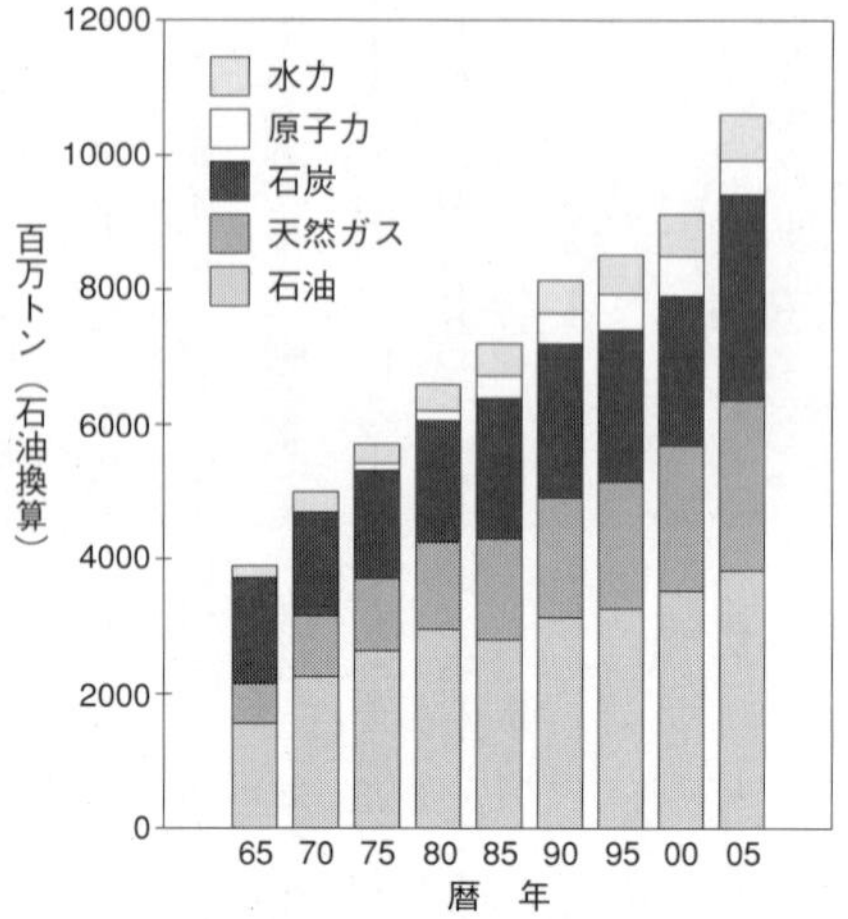

図３　世界のエネルギー消費の推移（1965～2005年）

従来から重要な人間活動に必須である化石資源、特に石油の枯渇問題に警鐘が鳴らされてきましたが、いよいよ現実味を帯びてきたようです。最近二十年間の世界のエネルギー消費量は年々増加する傾向にあります（図３）。すなわち二〇〇一年のエネルギー消費量の合計は石油換算で九十一億トン強であって一九八六年の消費量より十七億トン以上（二四・〇六％）も増加しています。そのうち三八％以上は石油に依存しており、また二〇％強は天然ガスを使用しています。

一方産油量は各地で頭打ちの状態であり新規油

田の発見も激減しているとのことです。二〇〇一年における石油の†確認可採埋蔵量は一兆五百億†バレル、年生産量は二百七十二億バレルと推定されていますので、単純計算すると可採年数は四〇・三年（一兆五百億バレル／二百七十二億バレル・年）ということになります。二〇〇七年末の調査結果でも、埋蔵量は一兆二千三百八十億バレル、可採年数は四二・六年といわれていますので、生まれたばかりの人々が四十歳になる頃には、現状のような人間活動が不可能となることを意味しますし、資源ナショナリズムが強調されると、さらに悲惨な状況も想定されます。探査技術の進歩で新しい油田が発見されたり、生産コストの低減によって採掘可能量が増加する可能性も無視できませんし、また人口・経済・社会構造の変化によってエネルギーの消費は減少するとも予測されていますが、化石資源が有限であることは間違いのないことでしょう。

　このようなエネルギー情勢に対応して、世界的にバイオマス・太陽光・風力などの再生可能な新エネルギーの利用推進を目的とした施策が講じられていますが、地域に密着し市民と直接接触している地方公共団体や非営利団体が大きな役割を果たすことが期待されています。国内でも地域の使用エネルギーの全てを新エネルギーでまかなっている町（岩手県葛巻町）がありますが、エネルギー問題や環境問題はライフコストを無視したエコ商品の開発・販売より、「もったいない精神」に基づいた地域の問題意識の向上と適正な施策の方が大切であると考えられます。

（阿部）

第13話　森林と環境・資源

二十一世紀最大の課題は人口増加と環境の変化ですが、陸地の三〇%の面積を占め、また地上バイオマスの九〇%を蓄積している森林は、環境・資源問題に大きく関与しています。

森林は木材の生産だけでなく、大気の浄化や気象緩和など多様な機能をもっていますが、これら森林[†]の効用の中から、特に地球温暖化とエネルギー・資源問題との関連を取り上げてみましょう。

●地球温暖化とのかかわり

地表に大気がなく太陽から受けるエネルギーと地表からの放出エネルギーとが等しいとすると、地球の平均温度はマイナス一八・七℃と予測されますが、実際は大気の温室効果によって生物の存在を可能にする温度(平均気温一五℃)に保たれています。しかし、化石資源の燃焼などによって二酸化炭素を含む温室効果ガス(第12話参照)の増大によって大気の組成が変化し、温室効果能も変化したことが地球温暖化に大きく影響しています。主要な温室効果ガスである二酸化炭素量の変化は大きく、二〇〇五年までの三〇年間で一・五倍に増加しており(図1)、その後も同様な傾向を示して二〇三〇年には約一・六倍の四三〇億トンに達するものと予測されます（ＥＤＭＣ'09）。また排出量の多い米国と中国は、二〇〇五年で総量のそれぞれ二二%と一九%強を占め、二〇三〇年では二〇%および二二%強になるものといわれています。日本の現状は総排出量の四%程度であり、二〇三〇年では二・五%と予測されています。

一方、植物体は光合成によって成長しますから、陸上で最大バイオマスを蓄積する森林が最も大きな二酸化炭素の固定化機能をもっていることになります。森林生産物である木材の組成式は$C_{1.5}H_{2.1}O_{1.0}$（分子量三六・一）と示されますから、単純計算では一トンの木材を生産するためには一・八三トンの二酸化炭素を吸収することになります。なお、この数量は次の計算式で算出されたものです。

（1×106/361）×15×44＝1.83(ton)／木材(ton)

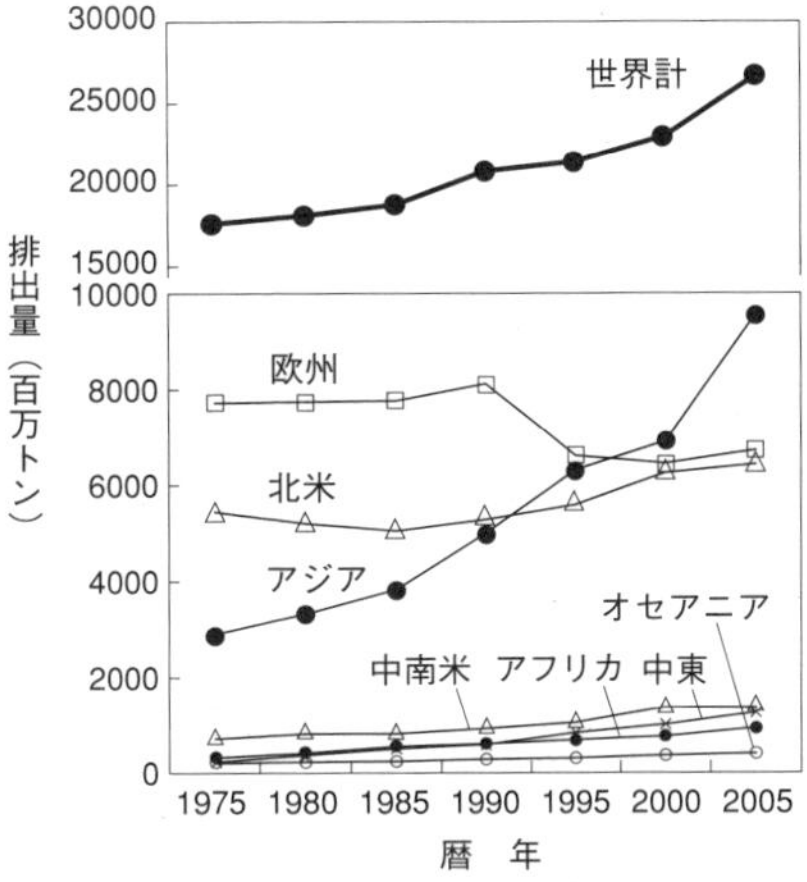

図１　世界の二酸化炭素排出量

ただし生物体である樹木の呼吸作用によって吸収量とほぼ等量の二酸化炭素が放出されるばかりでなく、落葉物の生分解によっても放出されることを考慮しなければなりません。したがって、生長量の小さな樹木や冬場のような低温時期には二酸化炭素の吸収量は減少し、また気温が高い時期には落葉物の生分解によって放出量が増加するため、相対的に吸収量がゼロに近づくこともあるでしょう。

日本における様子はどうでしょうか。国内の人工林と天然林の年間生長量は乾燥重量でそれぞれ三千五百万トンおよび一千万トン程度と推定されていますので（バイオマスハンドブック　二〇〇二）、光合成によって森林で固定化される二酸化炭素量は年間八千二百三十五万トン（四千五百万トン×一・八三トン／トン）と計算されます。日本の森林面積は二千五百万ヘクタールですから一ヘクタール当たりの年平均吸収量は約三・三トンになりますが、呼吸による放出量のみを勘案すると実質はこの半分程度の二酸化炭素が削減されるものと推定されます。ただし地上部のみならず地下部バイオマスや土壌も含めた日本の森林による吸収量は年間八千七百五十万トンであり、また京都議定書で認められる対象森林による吸収量は年間三千五百四十五万トンとしています。その他樹齢八〇年のスギ人工林一ヘクタール当たり年平均約二・一トン、ブナ天然林では約一・三トンの二酸化炭素を吸収するといわれていますが、これは光合成から呼吸分を差し引いた数値のようです。

このような樹木の炭素固定機能を、二酸化炭素削減計画との関連で検討してみましょう。京都議定書では基準年となる一九九〇年度の日本における温室効果ガスの排出量は十二億六千万トンであり、二〇〇八年から二〇一二年度の目標年度までにその六％に相当する七千万トン強を削減しなければなりません。

一方、二〇〇五年の日本の温室効果ガスの二酸化炭素換算総排出量は一三億六千万トン、二酸化炭素は一二億五千二百万トン排出されていますので、基準年より七・四％に相当する八千六百万トン強の二酸化炭素が増加したこと、および温室効果ガスの九〇％強は二酸化炭素によるものといえます（87頁参照）。森林の炭素固定能の多寡については議論があっても、元気な森林の保持・育成は地球環境を守るための必須条件であることは間違いのないことでしょう。ちなみに世界の森林面積の〇・六二％を占める日本の森林（約二千五百万ヘクタール）の生産性が世界の生長量（八百億トン：炭素換算四百億トンC）に比例すると仮定すると、炭素換算で二億四千八百万トンCの年間生長量となります。すなわち森林成長にともなって吸収される二酸化炭素の量は九億九百万トン（二億四千八百万トン×四四／一二）と計算され、実体にはほど遠い数値ではありますが、削減目標量の一〇倍以上、樹木の呼吸作用による二酸化炭素排出量を差し引いても五倍以上の吸収能を持つことになります。

●エネルギー・資源問題とのかかわり

約五億年前に高度二〇～三〇㎞上空の成層圏にオゾン層が形成され、地球表面に有害紫外線の入射を阻害するようになってから多種多様な生物が繁茂繁殖してきました。人類が出現してからの長い物質進化のなかで、用いられてきた材料によって歴史の時代区分が行われています。すなわち石器時代を幕開けとして、青銅器時代、鉄器時代を経過し現代につながっております。現代は金属・セラミックス・高分子の三大材料に耐候性、防振性、光反応性、環境分解性、バイオセンサーなどの高機能性を付与した新素材、あるいはこれらの複合材料の時代となってきております。

古来から木材のような天然高分子材料がひろく活用されてきましたが、近年合成高分子の進出はめざましいものがありました。天然材料は地域性があるとともに生産量に限界があり需要を賄いきれなくなったこともあって、二十世紀初頭に開発されたフェノール樹脂が市場に参入してから数多くの合成樹脂、特に熱可塑性†のプラスチックスが多量に生産・消費されてきました。世界の合成樹脂総生産量は、一億五千万トン程度と推定されていますが、生産量の最も多い米国に次ぐ日本の生産量は世界の一〇%程度です。なお生長量から推定されるセルロースの生産量は年間約四百億トン程度となります。自然界の壮大さにあらためて驚かされます。

これらの合成高分子は、天然材料のもつ腐朽性、不均質性などの欠点がなく、比較的安価に大量供給することができる利便性の高い材料として大量に消費されてきました。しかし製品自身から、あるいは燃焼処理によって、環境†汚染物質や環境ホルモン(内分泌攪乱化学物質)を発生するばかりでなく、使用済み製品の埋立処理の場合でも耐朽性であるがために大きな問題となってきました。すなわち、難分解性で安定性が高いという合成材料の利点が欠点となってきました。

一方、三次元ポリマーであるリグニンを除いた天然高分子物質は、エ†ステル結合、グ†リコシド結合、ペプチド結合(動物性タンパク質)などによって高分子化しているため、化学的・微生物学的に分解され易い特性をもっています。これに反して、炭素──炭素結合で重合したビニル系汎用高分子などのもつ利点も、廃棄処理に際しては欠点となるため生分解性など新しい機能を持つプラスチックスに興味がもたれてきています。

森林生産物である木材の用途は世界的にみるとその五〇%強が燃材として、また五〇%程度は製材・合板・パルプ材などの用材として消費されています。特に開発途上国にあっては燃材としての利用率は高く、燃材八〇%、用材二〇%となっています。北米などでは電力が豊富であるにも拘わらず、薪のやわらかな暖かさと香りが好まれていますが、先進国の燃材利用率は二〇%となっています。

●木材の新しい利用法とグリーンケミストリー

木材利用の新しい分野としては、液化・プラスチック化の研究や超臨界流体技術の研究などがあげられます。再生可能資源である木材廃棄物の利用や、人間や環境に害を及ぼさない超臨界流体技術の活用などは、まさしく二十一世紀の化学を貫くキーコンセプト、「グリーンケミストリー（環境にやさしい化学）」の理念・哲学に合致し、将来の環境・資源問題に資することは間違いないでしょう。本項の締めくくりとして、アナスタスらが提唱し、日本でも本腰をいれてきたグリーンケミストリーの精神・方向性を示す十二箇条を列記しておきます。（阿部）

表1　グリーンケミストリーの12箇条（アナスタスほか 1999）

1．	廃棄物は“出してから処理”ではなく、出さない
2．	原料をなるべくむだにしない形の合成をする
3．	人体と環境に害の少ない反応物・生成物にする
4．	機能が同じなら、毒性のなるべく小さい物質をつくる
5．	補助物質はなるべく減らし、使うにしても無害なものを（例；超臨界流体の使用）
6．	環境と経費への負荷を考え、省エネを心がける
7．	原料は、枯渇性資源ではなく再生可能な資源から得る
8．	途中の修飾反応はできるだけ避ける
9．	できるだけ触媒反応を目指す
10.	使用後に環境中で分解するような製品を目指す
11.	プロセス計測を導入する
12.	化学事故につながりにくい物質を使う

第14話　世界と日本の森林

今日、エネルギーや環境保全資源としての森林に対する認識は深まってきていますが、世界的には熱帯林の減少や緑地の砂漠化が問題となっています。ここで世界と日本の森林のようすを眺めてみましょう。

●世界の森林について

世界の陸地(総面積：約一三〇億ha)には一兆八四〇〇億トンのバイオマスが存在しています。また陸地面積の三〇%を占める森林(約四〇億ha)には、地上全バイオマス量の九〇%が蓄積されていますが、この貴重な森林は他の天然資源や人口と同じように、地上に均等に分布しておりませんし、また時代によって量的・質的に変化しています。

表１には一九八五年から二〇〇五年にいたる森林面積を示しました。数字の出所は第二次世界大戦直後に設置された国際食糧農業機関(ＦＡＯ)による森林資源評価(Forest Resouces Assessment：FRA)と森林・林業統計要覧(林野庁編)です。

表1　世界の森林面積(×100万ha)

地域＼年	1985	1990	2000	2005
世　界	4,086	4,077	3,989	3,952
先進地域	1,828	1,808	1,817	1,821
途上地域	2,259	2,269	2,171	2,131

表2　日本各地域の総面積

地　域		北海道	本　州	九　州	四　国	沖　縄	合　計
面積	×10,000 ha	834.5	2,334.4	398.9	187.8	22.7	3,778.3
	%	22.09	61.77	10.57	4.97	0.60	100

古来から文明の進展に伴って森林が開発され、農地・居住地・工業用地などに転用されてきた結果、森林は世界的に減少していく傾向にあります。気象条件が現在と同じと仮定すると、人為的に自然生態系を改変し始めるまでの森林面積は、現在の二倍程度であろうと推定されていますが、一九八五〜一九九〇年、一九九〇〜二〇〇〇年、二〇〇〇〜二〇〇五年の森林面積消失量は、毎年それぞれ一八七万ha、八八七万ha、七三〇万haとなっています。日本各地域の面積(**表2**)と比較すると消失面積を感覚的に理解することができます。消失量の多かった一九九〇(平成二)〜二〇〇〇年では、一〇年間で日本国土の二・四倍、平均すると北海道の面積に相当する森林が毎年消失していることになります。森林の大切さが理解されてきたためか、最近の二〇〇〇〜二〇〇五(平成十七)年での消失量は比較的小さくなってきていますが、それでもこの五年間での消失量は日本国土面積に匹敵します。

先進地域と発展途上地域の様子はどうでしょうか。両地域での大きな相違は、先進地域の森林面積は一九九〇年以降は増加していることです。二〇〇五年の資料によると、途上地域は総面積約八〇億haの土地に五十一億の人々が生活しています。すなわち先進地域の一・五倍程度の土地に、四倍強の人間が生活していますので、一人当たりの森林面積は〇・四二haとなり先進地域の三〇％弱に過ぎません。利用量の八〇％に相当する木材は燃材として消費されていることや、農地造成の拡大などが影響しているのでしょう。世界の林野率（森林面積／陸地面積）は三〇％程度であり、また先進地域と途上地域の林野率はそれぞれ三二％と二七％程度となっています。林野率の高い国々は、日本およびオーストラリアとニュージーランドを除いたオセアニアの途上地域で、六三％以上となっています。しかし一人当たりの森林面積は大きく異なり、日本の〇・二ha／人に対してオセアニアの上記途上地域では四ha／人前後となっています。人口密度の差がこのような結果となっているのでしょうが、人口三二〇〇万人の先進地域カナダは九・七ha／人であり緑溢れる豊かな国土であるといえます。

●熱帯林の消失

人類の発展にともなって森林開発が進み、二十世紀前半までは温帯地域での森林減少が続き、後半からは熱帯地域の森林の減少・劣化が急速に進んだといわれています。ＦＲＡによると一九八〇年以降、毎年一一〇〇万ha以上の森林、即ち日本国土の三分の一に相当する熱帯林が毎年消失したと評価されています。ちなみに北海道と九州の面積を合算すると一一三二〇万haとなります。

熱帯多雨林（乾期が〇～三ヵ月の熱帯林）と熱帯季節林（乾期が六～八ヵ月以内の熱帯林）の合計面積は世

界の森林面積の四三％を占めていますが、そこには地球全体の現存バイオマスの六〇％に相当する資源を蓄積しています。熱帯林の消失は地球人にとって大きな問題であると認識されていますが、熱帯林の再生は簡単ではないようです。熱帯林荒廃の一因は、先進国による高品質材の過伐と、非伝統的な焼畑耕作にあるといわれます。非伝統的焼畑耕作とは定着農業や非農業関連の人々による連続的な焼畑であって、森林の減少をもたらします。この点は、一年耕作した後休閑させ、十分な期間を経て再生してくる二次林を再び焼畑耕作する伝統的な循環利用型の耕作とは異なっています。

用材確保のために択伐した跡地にすぐ生える二次林樹種の成長は極めて速いのですが、高品質材を含むもとの林相まで復活するには数十年から百年以上もかかるといわれています。また熱帯地域で植林に成功しているものはパルプ材に適しているユーカリやアカシアのような成長の速い樹種ばかりであって、いま自然の雨林から伐りだされているような高品質の樹木の植林には今後の開発を待たねばならないようです。しかし土地を肥やすようなマメ科植物などのような、荒廃地でも育つ樹種を植栽し自然林への回復を待つことの重要性が指摘されています。

●日本の森林

日本の森林面積は世界の〇・六二％にすぎませんが、林野率は六八％(二〇〇五年)と高く、森の国といっていいでしょう。なお国内で特に林野率の高い県は高知と岐阜で八〇％強、最少は茨城・

表３　日本の用材供給量と自給率

暦　　年	1955	1965	1975	1985	1995	2000	2005
供給量(万 m^3)	4528	7053	9637	9290	11370	10101	8742
自給率(%)	92.5	71.4	35.9	35.6	21.2	18.9	20.5

大阪の両県で三〇％程度となっています。国民一人当たりの森林面積は人口密度が高いため〇・二ha程度であり。世界的にみて極めて少ない地域といえます。一九八五年から二〇〇五年までの二〇年間における森林面積の変化量は三三万haの減少(マイナス一・三％)となっていますが、同一期間内での先進地域(マイナス〇・四％)および世界の平均消失率(マイナス三・三％)とくらべて高い数値ではないようです。

日本にとっての問題は国産材の供給量が少なく、自給率が極めて小さいことでしょう(**表3**)。戦後の復興期と高度経済成長期には用材使用量も多く、一九七三(昭和四十八)年には一億一七五八万㎥の最高用材使用量を示しており、その時の自給率は三五・九％となっていました。その後、一九九〇(平成二)年には二六・四％となり一九九〇年以降は二〇％程度にまで低下しています。このような国産材の材価低迷に起因した自給率の低下は、森林事業の経営状況や経営意欲を悪化させ、さらに森林の荒廃につながっていくため、地球温暖化をはじめとする環境悪化の一大要因となることでしょう。木材や食糧・家畜飼料などの必需品の自給率を高めることは、独立国としての条件であることを再認識すべきではないでしょうか。

野田氏(当時森林総合研究所九州支所)は森林からの収益性を上げることの難しさ

を、「モリシマアカシア資源の利用計画システム」についての研究報告書で指摘しています。すなわち現状の伐出功程でモリシマアカシアをチップとして販売すると、販売価格一万三百円／㎥に対して伐出経費は一万二千円／㎥となるそうです。このような状況から脱却するためには、高性能林業機械の導入や高密度林道の整備によって伐出経費と運搬経費を削減させ、さらに新製品開発の必要性を強調しています。生産技術改善策の導入と、樹皮に百五十円／kg程度の付加価値をつけれる用途開発が可能となれば、森林経営者が正当な労働対価をえることになりそうです。

健全な森林を保持していくためにはエコノミカルな技術開発が望まれ、ひいてはエコロジカルな技術となることは明らかなようです。

（阿部）

第15話　豊かな海も森の幸

森林は陸上の環境を保全して陸上生物の存在を可能にしていますが、水中生物に対しても大きな役割をはたしています。地表の約七〇％を占める海洋は、魚貝類や藻類などの宝庫であると共に、大気圏の存在量に匹敵する二酸化炭素を吸収する環境保全機能をもっています。この人類にとって大切な海が健全に機能していくためには、森林の存在が不可欠であって「森が消えれば海も死ぬ（松永勝彦）」との認識が強まっています。

豊かな海を守るための植林運動は全国的であり、たとえば「お魚を殖やす植樹運動（北海道）」、「〃海の森づくり〃活動（岩手県）」、「〃山・川・海―思いやりの森〃造成運動（東海三県）」、「ひろしまかきと魚のもりづくり運動（広島県）」等々の植林運動が展開されています。

●森と海とのかかわり

森林が海と深く係わっており、森林の伐採によって魚が接岸しなくなったり昆布の収穫が激減すること、また局地的な植林によってこれらの弊害が緩和されてくること、などが古くから認められています。例えば、コンブの産地である北海道南端の襟裳岬は、開拓時代から燃材調達のために行ってきた森林の過伐によって砂漠化し、岩礁への赤土堆積によってコンブの着床が悪化したり根腐れのために水揚げ量が激減しましたが、一九五三（昭和二十八）年より岬の緑化に取り組んだ結果、一九八〇年には四〇％増の水揚げを記録しています。またサケ・マスも森がなければ存在しない魚種であり、水量や水質、水温の変化が小さな生育環境を整えたり、稚魚の餌である落下昆虫を供給するためにも川岸に森林が存在する必要があります。さらに森林の大きな役割の一つとして、林地で形成された腐植土が海の生物にとって大切な栄養分を生みだしていることが明かとなってきました。ただし、森と魚貝藻類の水揚げ量との科学的関連性を明らかにするためには、まだ多くの検証が必要であるとの指摘もあります（柳沼　一九九九）。

水辺林（魚つき林）は海岸にあって魚に必要な陰影をつくる森としてその大切さは江戸時代から認識されており、森林法でも「魚つき林」を保安林の一つとして取り上げていますが、現在では海岸周辺ばかりでなく、上・中領域にも豊かな森林の存在が必要といわれています。水産白書では、水産物の安定供給を確保する施策として、「魚類の棲息と繁殖に資する重要な森林を魚つき保安林として指定し、その保全と適切な施行の確保を図るとともに、水質の保全、腐植土の持続的な維持・供給を通じて豊かな海づくりに資するため、河川上流域における森林の整備・保全の確保を推進する」（平成十八年版）とうたっています。また、森林整備による生育環境の保全のため「魚つき林の指定と保全を図るとともに、河川上流域等において、（生分解しやすい）広葉樹林化等をとりいれた漁場

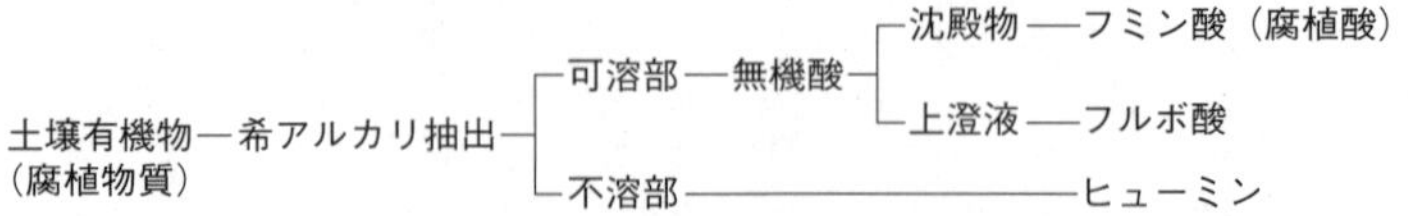

図1　土壌有機物の分類

保全の森づくりを初めとする森林の整備・保全を推進する・・・・」（平成二十年版）としています。水辺林と同様に上・中流にも健全な森林の存在が必要であり、森林と海とは川の流れによって強く結ばれているのです。

●海を元気にする森からの贈り物――腐植物質――

森林で形成される腐植土が海の生物に大切な栄養分を生み出しているといわれていますが、その機構はどのようになっているのでしょうか。

土の中には動植物の遺体を構成する有機化合物から、微生物によって代謝分解された中間生成物まで多くの有機物が存在しています。腐植は土壌有機物のうち、微生物体と新鮮な生物遺体（非腐植物質）を除くすべての有機物を意味しますが、土壌有機物と同義語とすることが多いようです。

腐植物質は動植物の分解・重合生成物や無機物などの複合体であり、微生物によって分解され難い黄色～黒色をした複雑な高分子有機物の総称で、酸としての性質をもっています。

土壌有機物の分類法を**図1**に示しましたが、アルカリ溶液に不溶区分であるヒューミンは腐植物質の二〇～四〇％を占めており、微生物由来の多糖類や酸・アルカリに抵抗性の高いアルカン類を多く含み、フミン酸とは全く異なる性質を示します。

フミン酸は腐植物質の性質を代表するものですが、暗黒色～黒褐色の物質であってキノイドが発色団として関与しているものと推定され、また量平均分子量は数万程度の多分散性で酸性を示す無定形高分子電解物質です。組成は炭素五〇～六〇％、水素二～六％、窒素二～六％であり、その他微量の硫黄、燐、灰分を含んでいます。酸素含量は三〇～四〇％とかなり高く、基本構造のなかや含酸素官能基として存在しています。またベンゼン環やピリジン、ピロンなどの複素単環化合物のほかアントラセン、ナフタレン等の複素縮合多環式化合物が存在しているため多くの共役二重結合を含んでいます。全酸度二・六九～五・六〇meq／gのフミン酸には、カルボキシル基（二・二八～四・七二meq／g）、アルコール性およびフェノール性の水酸基（一・七八～五・三二および〇・三一～〇・八九meq／g）、カルボニル基などの含酸素基が上記骨格物質に置換されており、腐植化の進行に伴って増大する傾向にあるカルボキシル基が主な酸性基です。その他、窒素の約半量は酸加水分解性のアミノ態であって、その一部は蛋白、ペプチド態として存在するほか、アミノ酸と糖あるいはキノン類などが縮合した複雑な形で構造のなかに取り込まれていると推察されています。なお、各種形態のプロトンや官能基分析値から求めた芳香族性炭素分率、芳香環置換度指数、側鎖炭素数などによって推定し

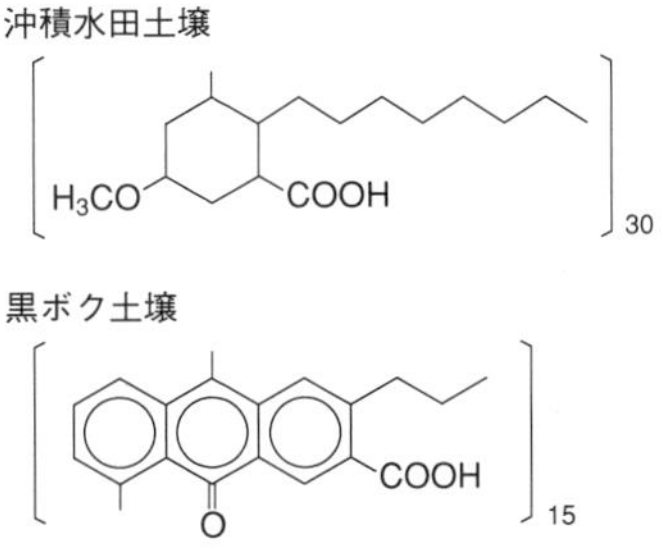

図２　フミン酸の平均化学構造モデル

た平均化学構造単位を図2に示しましたがフミン酸の構造単位当たりの縮合環数は黒ボク土壌では二〜四環、沖積水田土壌では一〜二環であり、脂肪族炭素の数は腐食が進むと短くなるといわれています(久馬ほか二〇〇〇)。ここで黒ボク土壌とは腐食に富み、団粒構造の発達した空隙の多い火山灰土の表土であり、後者は流木に運ばれて低地に堆積した土砂が土壌化したものを指します。

フルボ酸はフミン酸とほぼ等量含まれている、酸性・アルカリ性両溶液に可溶な区分であって、黄色の物質群(分子量：数千〜数万程度)と糖類、アミノ酸、配糖体、有機燐などの非腐植物質群を含んでいます。フミン酸より低分子であって、炭素含量は一〇%低く、酸素は一〇%程度高い数値を示し一〜三%の窒素を含んでいます。またフェノール関連化合物には根本的な違いがないことなどから、腐植化の程度の低いものとの見方が強いようです。

●必須無機成分のキャリヤーとしての腐植成分

生物の生育にとって地球上にある水銀以外の元素は全て必要ですが、これら必須金属が細胞膜を通って生体内に吸収されるためには水に溶けイオン化している必要があります。鉄以外の金属は水中でイオン化しますが鉄は空気(酸素)に触れると直ちに安定な酸化鉄(赤錆)となり細胞膜を通過しえない大きさの鉄粒子となります。鉄も水中で水酸基と結合した極微量のイオンが存在しますが、このイオンが海藻などに摂取され平衡がくずれると元のイオンになるには時間がかかります。ここで鉄をイオンの形で水中生物に運搬するために腐植物質、特にフルボ酸の出番が回ってきます。フルボ酸には前述のように多くのカルボキシル基やカルボニル基、あるいは各種水酸基を含んでいます。アルコール水酸基も電子が偏在していますが、その他の酸性基はπ電子の非局在化構造をもっているためイオン化し易い構造となっています。

腐植土層においては、枯葉などの分解に酸素が消費された無酸素域で生成した鉄イオンがフルボ酸のマイナス基と結合して極めて安定な構造をとります。腐植土層の鉄は枯葉にも含まれており枯葉の分解によって腐植土層に再生されますが、一般に単位重量当たりの鉄含量は広葉樹の方が針葉樹より一ケタ高いといわれています。森を構成する樹木は針葉樹より分解が速く、鉄含量の多い葉をもつ広葉樹の方が望ましい理由はここにあります。なお、大部分の渓流水のpHはほぼ中性であることから、広いpH範囲の水に可溶なフルボ酸の関与は大きいでしょう。

フルボ酸の酸性基と鉄イオン(Fe^{2+})との結合には、次の三つが考えられています。その第一はカルボキシル基やフェノール性水酸基などの解離性基(O^{-})との静電相互作用によるものです。第二は多価カチオンである鉄イオンと腐植物質の多座配位子との結合です。フルボ酸にはカテコール基のような隣接二水酸基の存在がありますから、鉄イオンとキレート結合によって配位するものもあります。第三の結合としては、腐植物質表面との橋かけ結合をあげることができます。

このように腐植土中のフルボ酸と鉄イオンは、配位結合、キレーション、ファン・デル・ワールス力、水素結合などによって強く結びついた状態で河川を通じて海に流れ込み、海の生物の栄養素として作用しているのです。

（阿部）

第16話　植物成分の役割とその利用

●ヘクソカズラとその化学戦術

植物が生成する二次代謝成分（抽出成分）については他でも、別の視点から述べていますが、ここでは自然界おける生物たちの係わり合いに植物の抽出成分が関わっている事例と、人の暮らしに抽出成分を巧く利用した最近の事例を紹介します。そして、皆さんに植物を中心とした自然の仕組みに介在する植物成分の役割や利用について理解を深めていただきたいと考えています。

図1　ヘクソカズラ

生物の名前は普通、姿、形、性状などを踏まえてつけられるが、なかには気の毒なものもあります。例えば、森の端で樹にからみついて自己主張している、多年生蔓（つる）植物のヘクソカズラ（屁糞葛、*Paederia scandens*）です（**図1**）。これは八から九月にかけて赤と白の釣り鐘形の、かわいい花をつけるので、サオトメバナと呼ばれることもありますが、葉や茎を揉んだり、つぶすと、おならに似た強烈な臭いを発するので、ヘクソカズラという呼称が一般的になってしまいました。これはこの植物がペデロシドと呼ぶ含硫黄化合物を保有していて、これが分解してメルカプタン(悪臭の実体)を発生することに由来しています。なお、ペデロシドのように昆虫が嫌う成分を忌避物質と呼びます。

ヘクソカズラはペデロシドによって外敵(昆虫)から身を守っています。これは植物の化学防衛の例としてよく引用されます。ヘクソカズラの葉や茎を食べた昆虫は以後、これに寄りつかなくなります。生物が保有成分によって身を守ることを多感作用(allelopathy)と呼び、これに係わるペデロシドのような成分を多感作用物質(allelo-chemicals)と呼んでいます。

●ヘクソカズラに対抗するアブラムシ

ヘクソカズラと対峙する昆虫はいろいろありますが、その中には変わり者、ヘクソカズラヒゲナガアブラムシがいます。これはペデロシドを保有しているヘクソカズラの葉を苦にしないで、盛んに食べます。そして、この活性成分を分解しないで体内に蓄積して自身の天敵、テントウムシの襲撃に対抗しています。ヘクソカズラヒゲアブラムシは植物の防衛物質をちゃっかりと借用して自衛している、抜け目のない奴です。自然界は実に多様で、複雑です。

生物たちを少し長い時間間隔でみてみます。植物がある防衛物質を生成して機能し始めて暫くす

ると、対峙する昆虫もこの事態に対していろいろ対策、対抗し始めるのが普通のあり方でありま
す。対抗成分を保持するようになるのも一つの対策です。こうした関係はまるで、国家や民族の間
でみられる軍拡競争のようですが、ある植物と対峙する生物が互いに対抗成分を保持するような関
係を共進化と呼んでいます。これも自然の中での生物たちの有り様の一つです。

次は植物が他の植物に対して化学防衛する場合であります。クルミの根本周辺では多くの他植物が育つことができません。クルミが他の植物を化学防衛しているからです。この現象については十九世紀後半から研究が始まり、二十世紀になって本格化しました。例えば、一九二八年にデービスは*Juglans nigra*（ウォールナット）の樹皮と根から成分、ジュグロンを単離し、これをアルファルファやトマトの茎に注入すると、強い毒性を発揮することを確かめました。植物成分が他の植物に負の影響を及ぼすことを始めて実証した事例であります。その後、クルミはジヒドロジュグロンとその配糖体を保有していること、これらの活性はたいしたものではなく、ジヒドロジュグロンが酸化されたジュグロンが強い発芽・生育阻害活性を有することを明らかにしました。他にも、ジュグロンの活性能が植物種によって違うなど、クルミの成分が他の植物に対して機能している化学防衛に関する研究情報の集積は進んでいます。

●化学的防衛は他の植物や微生物との間でも

続いては、植物の微生物に対する化学防衛です。この場合の研究はこれまでのところ、草本植物

によるものが中心ですが、木本植物、果樹での検討事例が散見できます。植物は一般に病原菌に遭遇すると、他のケースと同じように、保有成分によって害菌を排除します。この対応は次のように分けられます。①植物が菌の攻撃を想定して抗菌・殺菌成分を常に所定量保有している、②植物は抗菌・殺虫成分を生成するが、その量は極めて少なく、菌の浸入を感知して増産する、③抗菌・殺虫成分を普段は生成していないが、菌の浸入を感知して急遽生成するです。①と②の場合の成分はフィトアンティシピンと総称されています。多くの抽出成分が、この範疇にはいり、機能していいます。一方、③の成分はフィトアレキシンと総称されています。

害菌の植物への侵入によって始めて生成されるフィトアレキシンの事例を紹介してみます。エンドウが *Ascochyta* 属などの菌の侵入をうけて生成するピサチン、インゲンが *Collectotrichum lindemutkianum* や *Rhizoctonia solani* などの菌の侵入をうけて生成するファセオリンやファセオリジン、ダイズが *Phytophthora megasperma* 菌の侵入によって生成するファセオリンやヒドロキシファセオリンなどが、例としてよく引用されます。

植物は病原微生物に対してフィトアレキシンやフィトアンティシピンで化学防衛していますが、対する微生物も対抗成分を生成するようになります。微生物が植物に対して化学防衛する成分をパソトキシンと総称します。これらはさらにある宿主植物の発病に限って機能させる宿主特異的毒素と、毒素が宿主植物を含む広範な植物の発病に機能させる非特異的毒素とに分けて理解していいます。両毒素のよく知られた例を一つずつ挙げてみますと、前者ではトウモロコシにごま葉枯れ病を

発症させる *Helminthosporium* 菌の生成するHMT-トキシン、後者ではイネなどにごま葉枯れ病を発症させる *Ophiobolus miyabeanus* 菌の生成するオフィオボリンAです。

●植物の化学防衛成分の利用、望ましい利用事例

自然界には膨大な植物があり、それぞれは他の植物、動物あるいは微生物に対し、共生や競争、さらには寄生の関係で様々にやり取りしています。これらのうち、化合物が介在するやり取りは人の暮しに利活用できると考えられますが、人が解明したやり取りはまだわずかですので、こうした研究の動向は注目の的です。この陰に、天然性成分が基本的に環境と人に優しいとの認識があるのは言うまでもありません。以下に人の生活を豊かにした生理活性成分利用例を紹介します。

●自然と共生する新薬開発

日本の某製薬会社は今から少し前、いろいろな国で今も大切に維持されている民間薬に注目し、自然を学びながら、理想的な仕組みを造り上げ、新薬を世に出すことに成功しました。会社は最初、世界の民間薬を使ってスクリーニングテストを実施しました。その結果、強い抗潰瘍活性を発揮する、タイ国でプライウノイと呼ばれている樹木、*Croton joufra*（トウダイグサ科）のエキス（抽出物）を知りました。そこで、会社はこの活性の実体成分について研究を進め、プラウノトールと命名したジテルペンアルコールを単離し、その化学構造を決めました（**図2**）。次いで、会社はこの業

界で定法である、新規化合物の化学合成法の確立を図りました。しかし、合成過程で共存する夾雑物の分離が難しいことなど、化学合成法確立上、差し障りのある問題に直面しました。そこで、製薬会社は目的化合物を植物から直接入手することに新薬開発方針を転換しました。

そこで、目的成分をより多く保有する植物探しをしました。*Croton* 属植物を中心に調べた結果、目的のプラウノトールは *C. joufra* ではなく、*C. sublyratus* により多く保有されていることが明らかになりました。しかも、この成分は経験的に利用されていた樹皮や材ではなく、葉により多量に含まれていることも分かりました。この一連の検討では植物成分の性質や有り様に関する知識、植物化学分類学に関する知識などが尊重され、活かされたのは言うまでもありません。*C. sublyratus* 種に注目し、プラウノトールをより多く含む個体探しも行って目的をかなえました。

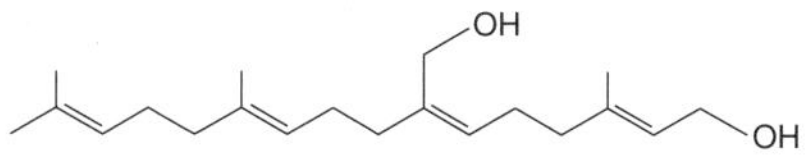

図2　プラウノトール

続いて、製薬会社はプラウノトール取得のための仕組みを構築することにしました。この目的には生物工学最新の知識と技術が注入されました。会社は *C. sublyratus* 種の優良個体の増殖は最新の組織培養技術を適用しました。同時に、増殖した優良個体の苗木をより成長性のよい *C. oblogifolius* の台木に接ぐという古典的な技術も利用しました。そして、目的に適った *C. sublyratus* の樹木園がタイ国に完成しました。樹木から葉を採集し、これを溶媒抽出して抽出物を得ました。この抽出物は日本の工場に持ち込んで目的の薬効成分を単離し、潰瘍治療薬を製造しました。

確立した仕組みには大変優れた点があるので、補足しておきます。この事業では、*C. sublyratus* の林から葉を定期的に収穫するだけですので、土壌に負荷をかけないこと、タイ国に新たな雇用機会を創出したこと、生物工学を始めとする一連の技術をタイ国に定着させたこと、タイ・日本両国が継続して潤う仕組みができたことなど、多くの効果・効用がありました。筆者はこの成功を知った時、タイ国などで失敗に帰したキャッサバ栽培を思い出しました。

家畜飼料のキャッサバ芋栽培では、広大な熱帯林がキャッサバ畑に変えられました。そして、この芋を繰り返し栽培、収穫したことで、肥沃に思われた森林土壌は瞬く間に、疲弊、荒廃させてしまいました。事業規模は大きく違いますが、この失敗例と対局にあるのが *C. sublyratus* 栽培です。著者はこの栽培を高く評価しています。このような環境と人に優しいあり方、自然の仕組みを利用するあり方を大切にし、増やせたらと考えています。昨今、世界中で猪突猛進している、自動車燃料用バイオエタノール製造の関係者はこの事例から多くを学んでほしいものです。

（大橋）

おもしろ木のあれこれ

熱帯の森林再生樹——イピルイピル

イピルイピルはフィリピンのどこにでも生育しているマメ科の灌木ですが、タイでは「カチン」、ハワイでは「コア」と呼ばれています。その他熱帯・亜熱帯のアルカリ土壌地帯に広く生育する早生樹で過酷な環境でも逞しく生育しますが、特にフィリピンでは最も身近な植物の一つだそうです。花は白色でネムノキに似ており沖縄では「ギンネム」あるいは学名から「ルシーナ」、または「ルキーナ」と呼ばれています。沖縄の帰化植物の一種で、原産地はメキシコまたは南アフリカといわれており沖縄には1910年にセイロン(現スリランカ)より畑の緑肥用として導入されたようです。そのため1945年以前は緑肥や薪に利用されるだけで沖縄に広く繁茂することはなかったそうです。しかし、太平洋戦争の敗戦により、沖縄本島は焼土と化しましたので、土壌流出防止と緑の回復のためにハワイ系統のギンネムが導入されたそうです。現在では本島中南部から宮古島、多良間島、石垣島、竹富島などの各島によく繁茂しています。

イピルイピルの仲間は約600種類もあり、樹高1〜2 mの低木タイプから15〜20 mに達する高木タイプまでいろいろです。沖縄のギンネムは大部分がハワイ在来タイプで樹高3〜5 m、幹の直径3〜5 cm程度のものがほとんどです。フィリピンやタイでは葉はサラダとして食べたりお茶に用いたり、種子を炒ってコーヒー豆の代用としても利用されています。沖縄ではギンネム葉のお茶を、ミネラル豊富で長寿の島の自然の恵みとして販売しています。また、種は黒褐色扁平卵型でスイカの種に似ていますが、硬くて光沢があり、ビーズ細工のように繋いで小さな敷物などの各種工芸品も作られています。

日本および海外での人材育成、戦争や災害などからの復興活動、各種人道的活動などへの支援を中心に、幅広い活動を地道に続けているボランティアの集まりに、「イピルイピルの会」という会があります。

熱帯・亜熱帯地方で盛んに植林されている早生樹で、同じような名前の「ジャイアントイピルイピル」という樹木があります。これは巨大なイピルイピルのように思えますが、若干違う樹木のようです。マメ科の和名は「キンキジュ」といいます。

これらの早生樹の小径材を有効利用するためにチップ化して、パーティクルボードの製造などが試みられています。（作野）

第17話　生き埋めになった森──埋没林

●三五〇〇年前に埋没した林

今から約三五〇〇年前はどんな時代だったのでしょうか。縄文時代後期です。この時代は土器が使われるようになり、竪穴式住居が普及してきましたので、人々はこの住居に住んで弓矢で狩猟をしたり、植物の採集、栽培、調理などで生活していました。この期の前半には急激な環境変化があって温暖化傾向にあり、それに伴って森林は落葉広葉樹から照葉樹†へと遷っていき動物層も変化していきました。そして後半には鬱蒼（うっそう）とした森林地帯が広がっていました。島根県大田市にある三瓶山の山麓には、縄文時代に三瓶山（さんべさん）で起った噴火活動によって埋没した森林「三瓶小豆原埋没林（さんべあづきがはらまいぼつりん）」があります。

三瓶山は現在ランクCの活火山ですが、約三五〇〇年前に噴火活動がありました。その噴火によって山林の一部が崩れて土砂が小豆原の谷に流れ込みました。山林の崩壊に続いて火災流も発生し、森林の樹木が生えているままの状態で地中に埋もれてしまいました。そこに川の水で運ばれた火山灰が流れ込んで、樹木はさらに深く埋もれてしまいました。埋もれたままで三〇〇〇年以上の時を経て一九八三年に発見され、その後発掘して埋没した時の状況で現在保存されています。

この埋没林の発見は田んぼの区画整理工事で現れた埋没樹木の一本を、重機で引き抜こうとしても引き抜けなかったところに端を発しています。一九九一年にこの抜けなかった木のある現場写真を見られた高校の校長先生が、「このあたりにはまだ別の木が埋もれているはず。学術的に非常に貴重なもので、なんとかして掘ってみたいものだ」と夢のようなことを言われました。この木を掘ってみればこのあたりの埋もれる前の森林の様子や人々の暮らし、景観や気候などを知る手がかりになるだろうとの思いがあったからでした。そこで、この先生や三瓶自然館の人たちはまず、この地域の人々に聞き取り調査を行ったところ、過去にも埋もれ木があったことや近くの別の場所から埋もれた根株が見つかっていたことがわかりました。そして、付近の本格的な試掘、ボーリング調査などが行われましたが空振りに終わりました。その後三瓶自然館の整備計画で目玉展示物にしたいとの希望のもとに広範囲の掘削調査が行われました。一九九八年晩秋、ついに埋もれた立ち木が次々と発掘され、全国に報道されました。これらは「三瓶小豆原埋没林」と命名され、埋没木の一本は切断されて三瓶自然館に展示保存されることになり、そのほかはすべて現

写真１　地下保存展示施設入口

地で保存されることになって、土地を含めて国の天然記念物に指定されました。そして、「三瓶小豆原埋没林公園」として整備保存され、二〇〇三年に地下三〇 mの展示棟が作られて、現在発掘されたままの状態で埋没林を見学できるようになっています（**写真1**）。

この保存展示施設は埋没した当時の大木の立っている様子がみられて、とてもすばらしく、感動を与えるものとなっています。

●埋没していた樹木

発掘によって出土した立ち木は全部で三十一本で、そのうちの二十五本がスギで他は広葉樹でした。流木もたくさん見つかり大小四十本以上に及びました。広葉樹はトチノキ、ケヤキなどでした。したがって、縄文時代後期この地域の森林は大半がスギ林で、広葉樹がところどころに点在していたことがわかります（大畑ほか 二〇〇五）。しかし、現在この付近に自生のスギはありません。

埋没スギは大径木が多く、木口直径が一 m以上のものが十本以上あって、胸高直径が最大二・四 mに達するものもありました（**写真2**）。

写真 2　展示埋没林

●埋没木の保存

出土した埋没木は外観はほとんど埋没前と変わらないのですが、埋没中に劣化し、しかも地下水に浸されており水溶性の成分はすっかり溶け出してしまっています。ただし、地下水が木の中に充満しているために形はそのまま保たれています。しかしながら、出土して、そのまま乾燥すると水分が抜けて大きく収縮して、劣化した組織は割れたり崩れたりして、体積は出土時の半分以下になって大きく変形してしまいます。そこで、出土時の状態を保つために保存処理が施されました。保存処理の方法として「ポリエチレングリコール（PEG）法」が採用されました（大畑ほか 二〇〇五）。

写真 3　PEGシャワー方式による保存処理（写真提供：島根県立三瓶自然館）

PEGは水に溶けやすい化合物で、分子量二〇〇から四〇〇〇のものがあり、分子量が高いものは常温では固体で外観はロウのようになっています。分子量の高いPEGを水溶液にしてその液に長時間浸漬して、浸透圧によって出土木中の水と徐々に置き換えていきます。溶液の濃度を上げてPEGを材内に充満させた状態で乾燥すると、材内のミクロな隙間に充填して固形になったPEGが木の変形と乾燥を防いで保存される仕組みです。ただし、巨大な出土木をPEG液中に浸漬することは困難なため、ここでは溶液散布装置によってPEG溶液のシャワーを出土木に浴びせる方法で処理され、現在も続けられています。この方式はこれまで世界中では海中に沈没していた木造船を、引き上げて保存処理するために行われた例があるそうですが、出土木についての保存処理としては世界では初めての試みではないかといわれています(写真3)。

●化石になった森──ペトリファイド・フォレスト

米国アリゾナ州中東部、ニューメキシコ州との州境に近いところにアメリカの国立公園の中でも変わった存在の「ペトリファイド・フォレスト国立公園」があります。筆者はこの公園を訪れてびっくりしました。広々とした荒野のあちこちに化石化した樹木が転がっており、信じがたい風景でした。倒れた樹木がそのまま石になってしまったといった感じですが、むしろ「石でできた木」といった方がいいのかもしれません(写真4)。かつて、ここには川が流れていて、一帯に樹木が繁茂して恐竜が動き回っていたと考えられています。その樹木がそのまま化石になって、地中に埋もれていたのがいつの間にか地表に出て、ゴロゴロと化石木（ペトリファイド・ウッド）が転がっているという状況です。しかし、このただの石になった木は磨きをかけるときれいに光り出し、美しい宝石のようになるということです。

（作野）

写真４　化石化した樹木
「ペトリファイド・ウッド」

第4編　木を科学する①——樹木の性質

第18話　生物界に君臨する植物

●光合成能と抽出成分生成能

森で隆々とそびえ立つ樹々を目にすると、樹こそが森の主役であると誰もが思います。木本植物に代表される植物は生理化学的にみても、間違いなく森の主役です。木本植物の種子は温帯や温暖帯などでは春、発芽して生長し始めます。そして、秋も深まると、生長を止め、休止します。なお、これらの中には落葉するものと、そうでないものが含まれています。休眠期と言う冬を経た翌春、木本植物は芽吹いて前年同様に生長します。そして、木本植物はこの活動を繰り返して年を重ねると、花をつけて実を結び、生命を未来に伝えられるようになります。

木本植物のこうした活動の陰に、二酸化炭素と水からグルコース、最終的にはデンプンを生成、蓄積する活動があります。これこそは木本植物を初めとする植物に共通の光合成で、その産物のグルコースは本項目で注目する成分で、二次代謝成分(抽出成分)生成の原料化合物です。光合成と抽出成分生成は植物が自然界に君臨できる原点の生理活動なのです。

●光合成の意義

植物だけが自在にした光合成活動の前段階を明反応と呼んでいますが、この段階で、根から吸い上げた水を陽光エネルギーによって分解して酸素を生み出すとともに、化学的な仕事を遂行する上で欠かせないＮＡＤＰＨやＡＴＰのような化合物を生成しています。これらを高エネルギー燐酸化合物と呼ぶことにします。次いで、暗反応と呼んでいる活動では、上記の高エネルギー燐酸化合物を使って二酸化炭素と水からグルコースを生成し、これを最終的に、デンプンに変えて貯えています。

感心することに、この生成量はある試算によると、生産者である植物自身が必要とする量の数倍から十数倍になるといいます。光合成産物の膨大なデンプンは生産者だけでなく、他の生物を養ない、増殖するためにも使われています。このことこそは植物が生物界で君臨している証です。

●基礎代謝活動とその代謝産物

植物は光合成活動で得たデンプンの一部を分解して得られる分解産物やＡＴＰやＮＡＤＨなどの高エネルギー燐酸化合物を多量に産生し、これらによって自身の生長と寿命を全うし、さらに受粉・結実して子孫を残しています。これら活動の中心には、いつもグルコースがあります。動物や微生物は植物の光合成活動に相当する部分を、植物が提供してくれるデンプンや植物遺体を摂食・

摂取することで置き換えていますが、グルコースからエネルギーを生み出す活動はこれらにおいても必須です。

植物にとってグルコース代謝は大切なことなので、二系統のグルコース分解方式を獲得、整備しました。解糖系に始まってトリカルボン酸回路へとつながる糖分解経路と、ペントースリン酸経路と呼ぶ糖分解経路のことです。植物は二経路で生み出される産物と高エネルギー燐酸化合物によって他の主要生体成分である脂肪酸・脂質やアミノ酸・タンパク質も変換、生成しています。

一方、動物や微生物はデンプンだけでなく、脂肪酸・脂質やアミノ酸・タンパク質も基本的には食物として摂取し、これらを組み替え、再編するなどを代謝活動の中心としていますが、植物のようにグルコースからこれらを変換、生成することも行っています。すべての生物が共通して行っている主要成分の生成、変換、分解に係わる生理活動を基礎（一次）代謝と呼び、この活動で生成される成分を基礎（一次）代謝成分と呼んでいます。

●二次代謝活動と二次代謝成分（抽出成分）

一カ所に根付いて身動きできない、受動的な植物が他の生物と並立、時には、それらを凌駕して生きている背景には、抽出成分と呼ぶ化合物生成能力を長い進化の過程で獲得、整備したことがあります。植物はグルコースを二酸化炭素と水に分解する基礎代謝活動の産物を直接の出発化合物（原料）として様々な生理活性をもつ成分を生合成しています。この生合成活動を二次代謝と呼び、その生成物を二次代謝成分（抽出成分）と呼んでいます。

抽出成分には植物が普遍的に生成するものも多くありますが、植物種や植物区分単位ごとに限定的に生成するものも同様に、数多くあります。いずれにしても、抽出成分は一カ所に根付いて活き抜き、子孫を残している植物が他の生物と共生や競争の関係を維持したり、自然界で自己主張するために機能させている武器であって、抗菌・殺菌、抗虫・殺虫などの生理活性を発揮したり、花や実を彩る色素成分となるなどして繁殖に係わって保有植物の存続、非存続を決めています。

また、これら成分の保有の有無は植物を識別、区分する拠り所にもなります。なお、植物由来の抽出成分とは別に、動物や微生物由来の抽出成分があって、対植物、動物、微生物の関係において機能させていることも知られています。このように抽出成分は多彩で、これらの生理活性は人にとっても興味津々で、古くから注目されています。その使途の代表例は医薬品です。

●抽出成分と抽出成分化学のいわれ

二次代謝成分の同義語として抽出成分と呼ぶのを普通のこととしている学問分野は、抽出成分化学です。この抽出成分や抽出成分化学という呼び方は木材科学領域の研究者には馴染み深く、この分野ではより丁寧に木材抽出成分学、木材抽出成分化学と呼んでいます。著者もこの言い方に慣れ親しんでいる学徒の一人です。そもそも、抽出成分という呼称はこれら化合物がエーテル、酢酸エチル、エタノールなどの有機溶媒や水で抽出できることに由来しています。抽出成分はまた、木本植物の乾燥試料に対して数％から○・○○数％と微量であるため、微量成分と呼ばれます。なお、抽出成分と呼ぶよりは、天然物、天然性化合物と呼ぶのがより一般的で、これらに関わる学問分野を天然物化学と呼びますが、最近では、生物有機化学との呼称も広まっています。

いずれの呼び方をしても、これらは糖、炭化水素、脂肪酸、テルペノイド、ステロイド、トロポロン、フラボノイド、スチルベン(スチルベノイド)、クマリン、キノン、リグナン、ポリフェノール、アルカロイド、アミノ酸などの多種多様な成分グループを含んでおり、有機化合物の広い領域を網羅しています。また、植物体を形成している三つの成分、セルロース、ヘミセルロース、リグニンも二次代謝成分として認識されています。これらはいずれも高分子化合物であり、量も多いので、主要構成成分とも呼びます。また、これら主要構成成分は木本植物の各種の強度発現に係わっていることから、骨格成分、構成成分と呼ぶこともあります。

●二次代謝成分の生合成とは

二次代謝成分が植物の生育と繁殖に重要な役割を果たしていることは、すでに述べましたが、これらは一次代謝経路上のメンバー化合物を直接の出発化合物として、酢酸・マロン酸経路、メバロン酸経路、シキミ酸経路と呼ばれている成分生合成経路を単独、または複合的に機能させて生合成されています。二次代謝成分は何段階もの反応を経由して生成されます。本書の他所でも指摘していますが、各段階ごとに酵素が存在して触媒しています。しかも、これら酵素は当然ですが、DN

Aに納められている情報に従って、二次代謝成分の生成に先だって生成、準備されます。したがって、二次代謝成分の種類は無限に存在するのではなく、限りがあることになります。

本項目の終わりに際し、改めて指摘しておきます。植物の二次代謝成分検索は今後も着実に行われるでしょう。そして、化学構造が確定した成分は常に、医薬品、化粧品、食品などの分野で役に立つのか、否かが注目され、試験、考究されるのも間違いのないことでしょう。しかし、二次代謝成分は上述したような生合成の原則に従って生成される代物ですので、これに係わるものはすべて、天然性化合物ならではの特徴、制約を抱えていることを心得ておきたいものです。次掲の二次代謝成分の特徴、制約は二次代謝成分研究だけでなく、利用・開発研究においても役立ちます。

①植物の科や属によって保有成分のメンバーと、それぞれの含有量は違う。②同一植物種の個体によって保有成分それぞれの含有量は変わる。③同一植物種の器官、組織、部位などで保有成分のメンバーと、それぞれの含有量が違う。④ある植物が育てられた環境の違いによって保有成分含有量が変わることがある。⑤植物の採取時期（季節や時間）の違いによって保有成分量は違うことがある。⑥植物の品種や系統の違い（変異種）によって保有成分のメンバーと、それぞれの含有量は違うことがある。⑦植物の菌類による感染の有無によって保有成分のメンバーと、それぞれの含有量は変わることがある。⑧試料調製法や処置法によって保有成分のメンバーと、それぞれの含有量は変わる、などです。

（大橋）

第19話　植物の理解を各段に深めた二名法

●膨大な数の植物名称

ここでは化石植物から現存植物にいたる膨大な数の植物の名前に注目してみます。植物それぞれを、世界中の人々が認識できる、一つの名で呼ぶことは、植物について語る、育てる、研究するなど、いろいろな場面で大切なことです。植物を約束事に従って命名した名前で呼ぶようになったのはごく最近、十八世紀も後半になってからです。当然のことですが、これ以前にも植物は名前をもっていましたが、それは限られた地域や分野に限って通用するだけでした。したがって、ある植物名を挙げても、すべての人が一つの植物をイメージするのが難しい状態が長い間続いていました。

各生物を一つの名前で呼ぶことの実現に貢献したスエーデンの植物学者、リンネ（一七〇七～一七七八）を紹介します。彼は著書「植物の種」を書いて、植物を属名と種名（正式には種小名）で呼ぶ命名法、二名法を提案しました。その後、同じスエーデンの植物学者のウィルデノー（一七六五～一八一二）はリンネの著書を増補、改訂してリンネの二名法の普及に尽力しました。リンネは二名法を提案したという貢献のため、今日では「生物分類学の父」と敬われています。リンネの場合のように、ある偉人が名声を博すようになった陰に、それを支えた人がいることはよくあります。このような人にもっと光が当ってもよいと思うのは著者だけでしょうか。

●二名法の意義

リンネの二名法はその後、国際的に討論、整備され、「国際命名規約」として今日にいたっています。また、この命名法は当然の成り行きで、動物や微生物の命名でも採用されました。リンネの二名法によって、誰もが一つの生物種を的確に認識できるようになったのは素晴らしいことです。なお、二名法が順調に定着した背景には、ウィルデノーの尽力だけでなく、生物を姿や形で識別する分類法がほぼ確立していたという幸運もありました。二名法の登場を時代が求めていたのです。この命名法のお陰で、植物を始めとする生物の研究はその後、大発展を遂げました。

●二名法の命名基礎

リンネは命名では、植物の特徴をラテン語やギリシア語で示すことを薦めました。しかし、この約束に準じていない場合も散見されます。例えば、トキ(朱鷺)と呼ぶ鳥の場合です。この鳥は日本が中国からメスの成鳥を提供してもらって増殖を計っていますが、数年前、日本本来の、最後のオス鳥が死んでしまい、「トキ絶滅」と報じられたのを覚えておいでの方も多いと思います。

本項目ではすでに約束に従って生物名を記していますが、専門的に記す時にはトキとカタカナで記し、これに二名法による属名と種小名を斜字体で *Nipponica nippon* などと記すのが基本です。なお、この時に添え書きする和名、トキを標準和名と言います。また、世界に通じる記載法では、斜字体で *Nipponica nippon* と記し、これに立字体で Toki と書き添えます。属名の書き出しを大文字で記すのは約束事です。そして、続く種小名も人や土地に由来する名前が使われている場合には書き出しを大文字で記すこともありますが、トキの場合にように小文字で記すのが一般的です。

トキの学名 *Nipponica nippon* では言葉尻、語尾をラテン語風に変化させていますが、二つの用語はともに日本を意味する用語で、この鳥の棲息地が日本であることは推測できますが、形態的なことは何も分かりませんし、鳥であることすら分かりません。同様の例に、日本の国蝶、オオムラサキ、*Sasakia charonda* があります。この場合の属名、種小名はともに人名で、前者は日本昆虫学草分けの佐々木忠次郎、後者はギリシャの法律家に由来しています。これも学術、形態学的には意味不明の例です。このような命名事例は動物の学名によくみられます。

●学名の記述・記載、アジサイを例にあげて

江戸時代の日本は世界的園芸先進国の一つで、品種改良された植物がいろいろ存在していました。こうした植物の中には長崎、出島からヨーロッパに渡り、さらに改良されて日本に戻ってきたものがあります。例えば、アジサイです。これにはシーボルトとツッカリニによって *macrophylla*

（大きな葉）の *Hydrangea*（水をよく吸い上げるもの）との意味がこめられた *Hydrangea macrophylla* var. *otakusa* という学名がつけられました。ここで、末尾に立字体で記している var. はラテン語の varietus の省略表記で、日本語では変種という訳語があてられます（英語では variety）。また、変種名を示す *otakusa* はラテン語やギリシア語でなく、日本語です。シーボルトの日本における愛人、楠本滝さんを思い出して命名しました。

学名記載に関わる説明を続けます。アジサイの学名を約束に従って最もていねいに記すと、*Hydrangea macrophylla* Seringe var. *otakusa* Makino となります。立字体で表記している Seringe と Makino ですが、これはアジサイの最終的な命名に係わった人の名前です。アジサイの学名は当初、シーボルトらが命名しましたが、最終的に、Seringe らによって確定されました。なお、命名者名を完全に省く記載法もありますが、少していねいな記載ではリンネや牧野富太郎など、著名な植物学者の場合には L. や M. などと、彼らを示す大文字一文字で省略略記します。また、シーボルトやツッカリーニクラスの場合には Sieb. や Zecc. と部分的に略記することも行われます。

アジサイの学名 *Hydrangea macrophylla* var. *otakusa* から、これがガクアジサイ（*Hydrangea macrophylla*）の変種の *otakusa* であると了解できます。なお、ガクアジサイはアジサイ類の中で最初に学名がつけられた種であることを示しています。そして、この種は以降、アジサイの仲間を命名する場合の基準となりました。このような種を分類専門家は基準標本、タイプ標本などと呼びます。このように近縁植物類ごとに、命名に際して標準とされた植物種が存在します。

●ガクアジサイの亜種、ヒメアジサイの学名

ヒメアジサイ（*Hydrangea macrophylla* subsp. *serrata* var. *amoena*）を例に、説明をさらに続けます。この記載には subsp. なる立字体略表記が記されていますが、これはラテン語の subspecies の省略表記で、日本語では亜種（英語では sub-species）と訳し、種をさらに分けたもののことで、ヒメアジサイはガクアジサイの亜種であることを教えています。他にも、ヤマアジサイ *Hydrangea macrophylla* subsp. *serrata* var. *acuminata* などのアジサイの変種や亜種が日本には存在しています。

また、植物種には亜種と同じ水準の分類区分に品種があります。この場合は種小名の後に f.◯◯◯または form.◯◯◯と略記します。ここでの f. または form. はラテン語の forma の省略表記です（英語では form）。例えば、*Viburnum opulus* var. *calvescens* f. *hydrangeoides* です。この学名はカンボク（*Viburnum opulus* var. *calvescens*）の一品種であるテマリカンボクに対して命名されました。

植物種には園芸品種や雑種と区分されるものもあるので、この場合の表記法を例示してみます。ツバキの一種、ヤブツバキが品種改良された園芸品種に初嵐と呼ぶものがあります。これは *Camellia japonica* cv. *Hatsuarashi* または *Camellia japonica* "Hatsuarashi" と記します。ここでの cv. は cultivatus の省略形で、日本語では栽培種という用語をあてます（英語では cultivar）。また、春、日本をピンク色に彩るサクラとして有名なソメイヨシノは通常、*Prunus yedoensis* と記しますが、エドヒガンとオオシマザクラの雑種であることを意識して *Prunus* × *yedoensis* と記すこともあります。

ここでの×は雑種を意味する符号です。なお、雑種には属間、種間、亜種間のものなどがあり、それぞれの表記法も確立されていますが、ここでは指摘するにとどめます。

三十六万種とも言われる植物は植物界(kingdom)としてまとめていますが、以下を六つの分類階級、門(division または phylum)、綱(class)、目(order)、科(family)、属(genus)、種(species)に区分、整理します。なお、様々な立場にたつ分類学者がいて、科と属の間に族(tribe)、属と種の間に節(section)という分類階級を設定する者がいます。また、門から種にいたる階級に亜(sub)をつけて亜門、亜綱、亜目、……などと区分する者もいます。いずれにしても、こうした区分によって植物AとBは「近い関係にある」、「遠い関係にある」などと論じることができます。

最後に、一九八〇年代から生物分類に新しい歩みが始まっています。それはDNAの塩基配列の類似または差違に注目する遺伝子工学的な分類法のことで、成果が蓄積され始めました。これによると、従来の形態分類の結果を裏付け、支持することも多いが、定説としてきたことが覆ることも少なくないようです。この研究の推移、進展は楽しみです。近い将来、生物界全体のより確かな分類体系が示されるでしょう。これは生物を学名で呼ぶようになったことで植物を始めとする生物の理解が大層進展したのと同様、あるいはそれ以上に生物に関する研究を大飛躍させることでしょう。

（大橋）

第20話　樹木のオールドバイオテクノロジー

木本植物は複雑で、高度な生物であるので、多くの能力を秘めていると認識されています。木本植物においても、バイオテクノロジー（生物工学）技術を適用した、人の生活向上のための挑戦が始まっています。木本植物は化石資源に代替できる、唯一の資源として期待されており、研究者や関連専門家は多く、いろいろな夢を語り始めました。ここでは、木本植物は生物工学によって目論見通りに改良できるのか、今後の資源問題の解決に役立てるのかなどについて考えてみます。

●植物の免疫機能と分化・再生機能

植物は動物や微生物とは違う、独特の形質・性状を備えています。例えば、植物も生物として長い進化の歴史をもっていますが、この間に免疫機能を発達させてきませんでした。このため、動物では深刻な問題となる拒否反応も、植物では致命的なことではありません。また、植物は旺盛な分化・再生機能をもっています。植物、特に、木本植物では昔から、この二つの性質に依存して、優秀で、固有の特性をもった種の増殖が計られてきました。

●多彩な接ぎ木

接ぎ木とは、同一または異なる個体間で身体の一部を他の部位に移してやって接着、癒合させる技術です。これには長い歴史があり、今も、果樹栽培や園芸業界を中心に活用されています。また、最近では植物ホルモンの利用など、徐々にではありますが、発展もしています。接ぎ木は対象とする樹木によって自家接ぎ木、同種接ぎ木、異種接ぎ木と大別できます。

自家接ぎ木は同一の樹木個体内でその一部を移植して癒合させる技術です。同種接ぎ木は同じ樹種の個体間で身体の一部を移植、癒合させる技術です。また、異種接ぎ木は異なる樹種の個体間で身体の一部を移植、癒合させる技術です。我々は物事が不調和なこと、条理の通らないことの例えとして、「木に竹を接ぐような」と言いますが、植物の世界では異種の個体を接ぐことは無理なことではありません。これは植物の曖昧な免疫機能のためです。なお、接ぎ木はまた、切り接ぎや削り接ぎなどと手法で細分したり、枝接ぎ、芽接ぎ、根接ぎ、寄り接ぎなどと手法を適用する対象で細分するなど、予想以上に多彩な技術です。

接ぎ木とは、ある個体の芽や枝を根をもった同種または異種の個体の茎や根株に接ぎ合わせる技術のことですが、接がれた植物体を指すこともあります。また、接ぐ側の芽や枝を接穂、接がれる側の根のある個体を台木と言います。接ぎ木では、接穂を台木に活着させて一個体として活き始めさせるには、接穂と台木の形成層が接着するように接いでやることが必要です。接いだ当初、接穂と台木の組織の接触部分ではカルスが形成されますが、次第に、カルス中に道管や師管などの維管束(系)が新生して両者は一体化します。こうなると、水や養分は接合部を自在に往来します。

接ぎ木は珍しくて貴重な植物を増やす、一年生植物に多年生植物を接いで生活期間を延ばす、白い花と赤い花を一本の樹の中で同時に咲かす、ある系統の果樹をふやすなどのために行います。特に、果樹栽培では接ぎ木は日常的な技術で、リンゴの枝をカイドウの台木に接ぐなどしています。この場合の接ぎ木は病気に強く、元気に育つという利点を期待して行っています。他にも、着果年、すなわち、実をつけ始める時期を早めるという利点も期待されています。

●挿し木、取り木、株分け

植物はその分化・再生機能に依存した挿し木、取り木、株分けなどの増殖技術も現役です。これらは実生による増殖とは違い、親の形質の全てを引き継ぐ、無性繁殖法なので、意味があります。最初は挿し木ですが、これは植物体の一部(挿し穂)を切り取り、挿し穂を砂や土壌にさしつけ、発根を促して独立の植物体へ導く技術です。専門家はこれを挿し穂を得る部位によって枝挿し、根挿し(根伏せ)、葉挿しと分けたり、挿し木を行う時期で春挿し、夏挿し、秋挿しと分けています。

取り木とは、植物の枝や幹を地面に押し伏せ、この部分に土をかけて所定期間放置して発根させた後、この部分で母体と切り離して植物体を分け取る技術です。なお、これには枝の一部を剥皮し、剥皮部分を水苔などで包んで放置して発根を促し、植物体を分け取る変法、高取り法もあります。さらに、植物体の根株や球根を切り分けて、各々を一人前の個体に育て上げる技術がありますが、これが株分けです。なお、球根植物の場合は分球と別称することもあります。

以上のような栄養繁殖的技法はいずれも好ましい形質をもった植物を確実に増殖できるという長所をもっていますが、多量に増殖できないという共通した泣き所をもっています。

●オールドバイオテクノロジーとニューバイオテクノロジー

植物の大量増殖に係わる技術革新があって昨今、多用されている技術があります。まずは、胚、葯、プロトプラストなどの器官や組織を対象とする培養技術です。これは植物特有の旺盛な分化・再生機能に依存するもので、挿し木や株分けの延長線上にあります。著者は接ぎ木に始まって組織・器官の培養に至る植物増殖技術をオールドバイオテクノロジー、そして、ここ二十年ほどの間に急展開した細胞、カルス培養による植物の大量増殖や、遺伝子操作による形質転換体作出などの技術をニューバイオテクノロジーと分けて講義しています。

●パルプ会社の生物工学的挑戦の模様

ニューバイオテクノロジーは学術研究同様に、利用研究でも注目しています。木材チップからリグニンを除去し、セルロースとヘミセルロースを効率よく得ることを日夜考えている紙・パルプ工業界の研究者は先年、最新の遺伝子工学研究の成果を踏まえて一つの挑戦をしました。リグニンを

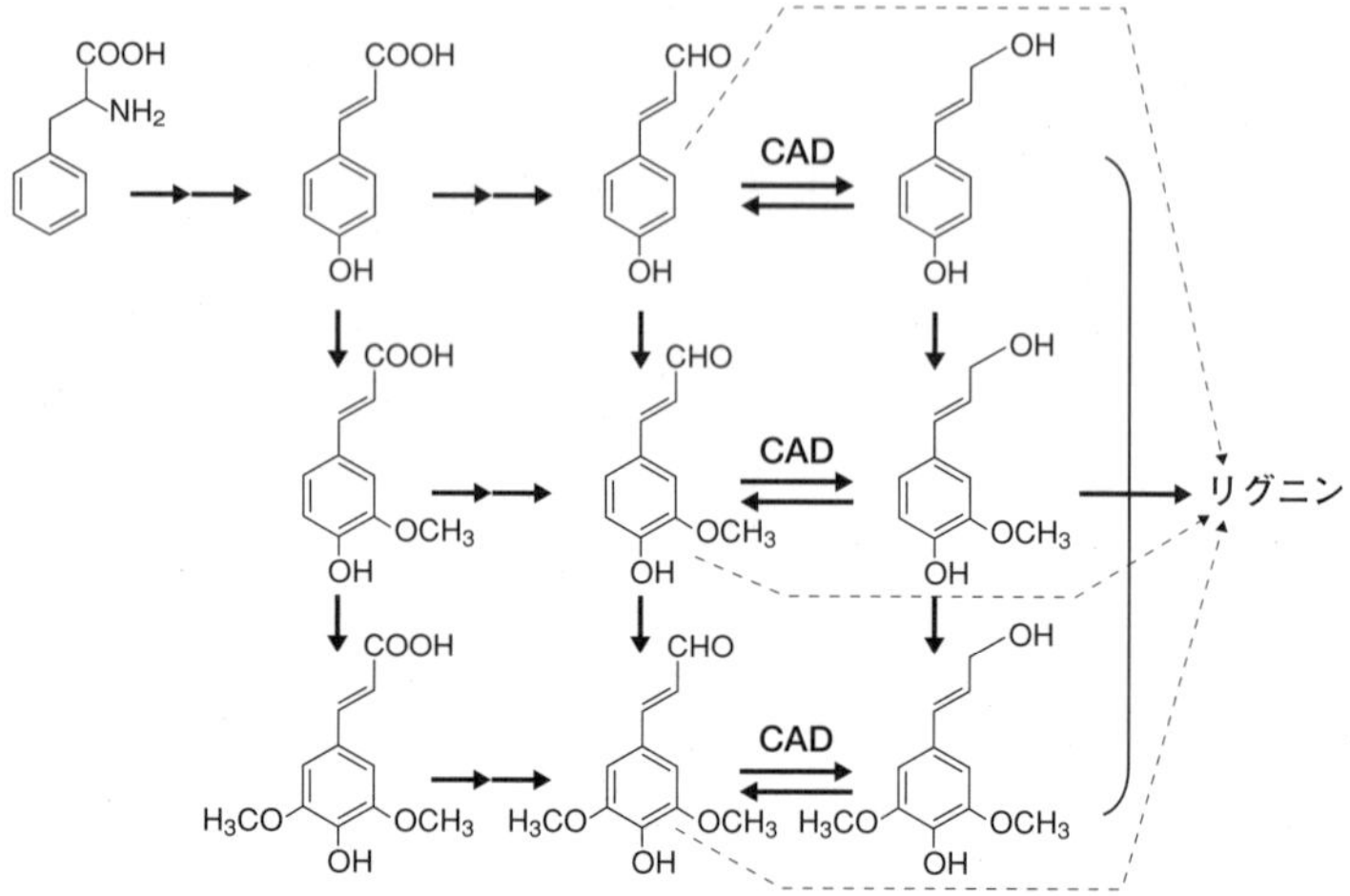

図１　CAD形質転換ポプラのリグニン様成分の生成

生成しない、あるいはその生成を極力抑えた樹の作出をめざしたのです。

挑戦ではリグニン生合成経路の終盤、コニフェリルアルデヒドをコニフェリルアルコールに変換する反応を触媒する酵素、シナミルアルコール脱水素酵素（ＣＡＤ）に着目し、この発現を抑えれば、目的は達成できると考えられました。遺伝子操作して形質転換ポプラの作出を試みましたが、作出されたポプラは目論見通り、コニフェリルアルコールの生成を抑制できましたが、「こんな手もある」とばかりに、コニフェリルアルデヒドを重合してリグニン様成分を生成してしまいました（**図１**中に破線で示す）。水中から陸に上がった植物にとって、木化は大切な生理活動ですので、ポプラは奥の手とも言えるリグニン生成能を秘めていて、したたかでした。

●植物における遺伝子工学の現状

遺伝子工学は日進月歩の昨今ですが、植物分野での現状は植物三十六万種中のわずかな種で遺伝子の化学構造を読み解いたにすぎません。上記の挑戦結果は新しい形質をもった植物を自在に創生できるという段階から、まだ遠いことを教えてくれました。膨大な遺伝情報が何時、如何に発現するかなど、具体的な点は今後の研究課題なのです。しかし、将来、この領域の研究が進めば、上記のような挑戦も、行うべき方法を無駄なく設定でき、目的を達成できるでしょう。

まだ役にたっている選抜育種法

微生物分野で育種法と言えば、昨今では、「既存種よりも遺伝的に優れた種を遺伝子操作などの技術・手法を駆使して生み出し、育てる」ことが当たり前ですが、樹木分野では上記のように、新しい遺伝子工学技術を適用するのはまだまだで、従来型の選抜育種技術、「良い形質をもった樹木集団または樹木個体を既存の方法によって選び出し、遺伝的に管理する」という、一昔前の育種法が現役なのです。この理由として、樹木の生長には長い時が必要なこと、ほとんどの樹木が土地を選んで生育するなど、木本植物独特の性質をもっているためであると指摘されています。また、この分野には新しいことに向って突っ走ることに対するリスクも存在しています。

林木ではいろいろな形質が優れている樹、精英樹を選出し、これらの間で人為的に交雑して種子をとって増殖することが現役で、これを精英樹による集団選抜育種法と呼んでいます。この方法は優良な遺伝子を集積、保持している精英樹の多様性の発現を期待することで、多くのハンディを抱えている木本植物には、妥当なやり方であると理解されています。この方法は国内のスギ、ポプラ、アカマツ、ユーカリなどに適用されて成果をあげています。当然、この背景に「良い木とは何か」に係わる、造林学分野での永年の地道な研究成果があることは言うまでもありません。

新しい育種研究

本項目では新旧の植物の増殖技術を紹介したこと、木本植物に関する生物工学研究の成果はまだ不十分で、形質転換ポプラの作出試行で限界が露呈したこと、木本植物の育種学では従来の選抜育種法が現役であることを紹介しました。研究や開発において遮二無二挑戦することも大切ですが、実情を見極めて対処すると、よりよい成果を得られることを知っておきたいものです。

人類は将来、化石資源に代えて木質系資源に依存することになります。この時には微生物で当たり前になっている育種研究が木本植物でも当たり前になっているでしょう。また、樹を育てる目的が、材木を得る、パルプを得る、成分利用をする、エネルギーを獲得する、環境を守る森林をつくるなどと具体的になり、目的ごとに新しい技術・方法で対応して目的が達成できるでしょう。

（大橋）

おもしろ木のあれこれ

杉の変わりものたち――スギ

特殊なスギ、神代杉　スギには神代杉神代杉（じんだいすぎ）、埋もれ木、土埋木などと呼ぶものがあります。火山灰や土砂に閉じこめられたり、湖水や海水に浸かったりして長い間守られてきた杉の材のことです。例えば、三瓶山麓（島根県）や、富山湾で見いだされるものは有名です。

神代杉は数に限りがあるので、一般の人が驚く、高い値段で取り引きされています。木材業界では神代杉を色調で黒神代、茶神代と分けています。茶神代は特に数が少ないのでより高価です。神代杉は貯蔵中に劣化が進んでいるので、物理的な強度の多くを期待することはできません。したがって、和室の床の間の内障子、欄間、調度品など、限定的に使われています。

特殊なスギ、屋久杉　屋久杉も特殊なスギの一つです。屋久島ではスギの樹のうち、樹齢が千年を越えるものを屋久杉、これ以下のものを小杉と区別しています。現在、屋久杉は保護されています。市場に出回ることはありませんが、稀に出てきます。それは屋久杉の根株で、安土桃山時代から江戸時代にかけて切られた屋久杉に由来します。特に、江戸時代、薩摩藩は財政逼迫のたびに、屋久杉を伐採して収入の足しにしていたそうです。こうした伐採木の根株（時には風倒木も）が掘り出されて市場に並ぶのです。日本広しと言えども、根株や倒木が商売の種になるのは屋久杉と神代杉ぐらいでしょう。なお、屋久杉の根株から高級な家具や調度品が造られています。

屋久杉のひみつ　神代杉と違って屋久杉の根株が商品となるには理由があります。これには抽出成分が関わっています。スギは一般に、高温で多雨、多湿の土地を好みます。屋久島は海岸から山が切り立った地形で、雨がよく降り、年間降水量は 6,000 ミリを超えます。また、この島は暖かさと陽光にも恵まれています。スギの生育にとって屋久島は最適地のはずです。しかし、この島は全体が海から切り立った、急峻な地形をしているため、雨が降ると、肥沃な地表土はすべて洗い流され、屋久島を覆うのは痩せた砂礫だけです。このため、屋久杉は健やかな生長とは無縁となり、年輪は極めて密で、大量の抽出成分（関係者は樹脂分と呼んでいる）を保有するようになりました。このために屋久杉の根株や風倒木は長い間、風雨に曝されたり、土に埋もれていても、腐ることなく、形と強度を保持しています。参考までに、屋久杉の樹脂分の主役は抗菌成分として評価の高いフェルギノールのようなテルペンで、強い抗菌活性を発現し、耐久性を発揮しています。この樹脂分はまた、屋久杉独特の、重厚な色調発現にも深く関わっています。（大橋）

第21話　巨大な木本植物のふしぎ

●木　化

世界の森では高さが一〇〇mを超える樹、太さ(幹直径)が一〇mを超える樹、横に一〇〇mを越えて這う樹など、大きくて個性的な樹、木本植物が散見できます。現在の地球上で最大の生物は鯨ではなく、樹です。言うまでもありませんが、木本植物は細胞の集合体です。小さな木材製品である爪楊枝でも、万を超える数の細胞の集合体であるので、上記したような樹々はいったい幾つの細胞で造りあげられているのでしょうか。とほうもない数になることだけは確かです。

高さが一〇〇mを越える樹を例に話を続けます。この根元の細胞は一〇〇m余という幹と、これを被っている枝や葉を造っている天文学的な数の細胞の重さにつぶされないで、耐えています。また、百年、時には千年を超える時間にも耐えています。木本植物は脊椎動物にみられる堅い骨による骨組みや、カブトムシやクワガタムシなどの昆虫類や、エビやカニなどの甲殻類にみられる堅い殻も持ち合わせていません。不思議なことです。細胞だけで造られている木本植物が強く、長寿なことには木化(lignification)と心材形成(heartwood formation)と呼ぶ生理活動が係わっています。

木化の始まり—セルロースとヘミセルロースの生成と蓄積

まず、木化活動です。骨や殻を持たない樹木は自然界を生き抜くために、個々の細胞を厚い壁で包み、相互に堅く結びつけることに自身の巨大化に対する活路を見出しました。樹が細胞壁を構築する木化活動は鉄筋コンクリート造りの建造物構築に例えられます。壁造りの材料のうち、セルロースは鉄筋、ヘミセルロースは砂利石、リグニンはセメントに相当します。

形成層に起源をもつ道管、仮道管、木繊維などの内膜に、鉄筋に例えたセルロースミクロフィブリル(セルロース小繊維)が生成され始め、無作為に配置されます。なお、小繊維自身は強い強度をもつ部材です。次に、セルロース小繊維の束を埋めるように砂利石に例えたヘミセルロースが生成、沈積されます(一次壁骨組みの完成)。引き続いて、一次壁の内側に二次壁の生成が始まります。二次壁は外層(S_1)、中層(S_2)、内層(S_3)の順に内側に向かって造られます。図1に示すように、三つの層ではセルロース小繊維を交叉させたり、斜めに揃えて配置するなど、外から加わる強い力に対抗するように配置されます。この工夫には感心します。なお、ヘミセルロースも一次壁の場合と同様にセルロース小繊維の束を固定するように生成、沈

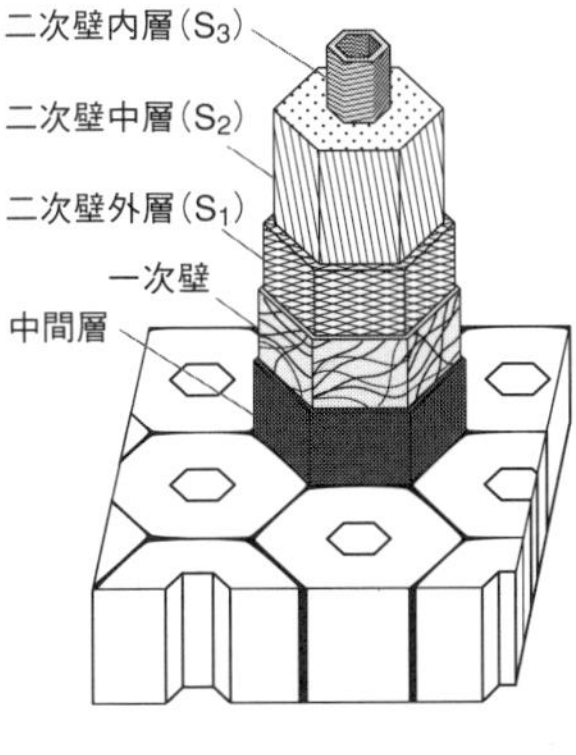

図1　木本植物の木繊維細胞壁の構造

積され始めます。

木化の後段――リグニンの生成と沈着

二次壁のS_1層の形成（セルロース小繊維の配置）が始まる頃、一次壁の隅のセルロースとへミセルロースの隙間に、セメントに例えたリグニンが沈積し始めます。名古屋大学の寺島典二はセルロース小繊維の配置からリグニンの沈積にいたる始終を可視化しようとしました。彼らは放射性同位体や分光学機器の力を借りましたが、細胞壁形成の要所、要所を画像として記録して発表したので、発表には説得力がありました。話を主題にもどしますが、リグニンの沈積は一次壁から始まり、二次壁、そして細胞間層（中間層）へと進み、最後に二次壁最内層のS_3層に及んで終了します。日本のような温帯に育つ木本植物の木化は秋には一段落します。寒い冬は常に葉を展開している常緑樹であっても、休止します。なお、リグニンはセルロースとへミセルロースの隙間に単に共存するのではなく、へミセルロースの末端と化学的に結合しています。

リグニン生成にみる木本植物の知恵

リグニンはグルコースを分解してエネルギーを得ている、解糖系・トリカルボン酸回路のメンバー化合物のホスホエノールピルビン酸と、還元的ペントースリン酸経路のメンバー化合物のエリスロース-4-リン酸から生成されるコニフェリルアルコール、シナピルアルコールおよび*p*-クマリールアルコールが生成する高分子化合物です。リグニン生成に使われるアルコール類の顔ぶれは裸子植物、被子植物の双子葉植物、同単子葉植物で違います。裸子植物はコニフェリルアルコール一種類、双子葉植物はコニフェリルアルコールとシナピルアルコールの二種類、単子葉植物は三種類が使われます。ここでも単純から複雑への生物進化の原則が踏襲されています。

木本植物のリグニンは乾燥木材重量の二十五から三十三%を占めます。大量なリグニンの生成は光合成を自在にした植物だからこそ可能なことですが、現実の樹木はリグニンの生成において無駄遣いをしていません。すなはち、樹木はリグニンを細胞間や細胞壁全体にたっぷりと生成、沈着しないで、傾斜沈着しています。中間層と一次壁では、接着剤として十分量の一八〜二八%が、二次壁には六〇〜八〇%が沈着しています。特に、樹液が往来するS_3層では、その漏れを防ぐために、たっぷりと沈積しています。この合理的なやりようには感心します。木本植物が物理・力学的な強さを発揮できる秘密は、細胞壁や中間層におけるリグニンの生成、沈積で一段落いたします。

リグニンは木本植物の細胞自身を硬く、強くするとともに、こうした細胞を互いに接着して全体をゆるぎなくしました。この木化活動こそは海で誕生し、長い間水中に漂いながら陽光を受け止めて生きてきた植物が活きる場を陸上に移したことに対する、一番の対策、対応でした。加えて、木本植物がリグニンで細胞壁を造り上げることは、微生物にもうまく対策していると考えられます。リグニンは白色腐朽菌類を除く微生物の攻撃に抵抗できる、優れた高分子化合物なので、抗菌、殺菌、防黴などの活性を発揮します。しかし、このようなリグニンも絶対的な化合物ではなく、今も述べた白色腐朽菌には簡単に分解されて土に返ります。

●心材形成

続いて、木本植物が長生きできるもう一つの秘密、心材形成について述べます。木本植物の幹では、形成層の内側に二次木部組織が年々歳々造り続けられます。この生理活動には特に確立された言われ方はありませんが、辺材形成と明確に言ってもよいのではと著者は常々考えています。形成層の内側で形成される二次木部組織、辺材は樹種、扶育処理、置かれている環境などによって違いますが、スギの場合、その誕生から一五年ほど経つと、移行材、白線帯などと呼ばれる領域に変わります。この領域は幹を輪切りすると、多くの場合、肉眼で認識できます。ここが木本植物が長生きするために行っている心材形成活動の現場です。

木本植物の移行材部の放射柔細胞要素が、その死を迎えて、最後に行う生理活動が心材形成です。この部位の柔細胞は移行材が形成される時まで営々と生き長らえています。そして、この時まで貯えてきた原料化合物、デンプンを使って、昆虫や微生物などに生理活性を示すフラボノイド、スチルベノイド、フェニルプロパノイド、テルペノイドなどの心材成分を生成します。心材形成活動は紙面の都合で詳しくは述べませんが、移行材の柔細胞には核が長い間保持されており、この核遺伝子の指令の下で行われる、本格的な生理活動です。

心材成分の移動、沈着

移行材部の放射柔細胞で生成された心材成分はそこに留めおかれることなく、樹液に乗って隣接する道管や仮道管へ移動すると説明されています。さらに、心材成分は膜孔や壁孔を経由して木部組織全体に行き渡ります。この後、心材成分を含んだ樹液で満たされていた道管や仮道管では樹液が次第に退いていって乾燥するので、これらの二次壁S_3層には心材成分が付着し、残留します。これで心材形成は完了となります。新たに形成された心材は心材成分によって昆虫や微生物に対する備えを確かにし、耐久性を高めました。この一連の活動は人が家の壁にペンキを塗って光、雨、雪などから家を保護するのに似ています。二次壁S_3層は心材成分で彩られているので、多くの樹木で新生した心材は容易に目視できます。なお、心材成分の中には無色のものもあるので、この場合、心材と辺材との区別は困難です。

上記した木化と、心材形成によって木本植物が長年生き抜ける仕組み造りは完成しますが、長い年月を経ると、このような心材にも変化が起こります。森で老樹の心材が空洞化しているのを目にすることがあります。無敵であると思われた心材も長い年月には勝てず、劣化して抜け落ちたのです。なお、この心材の空洞化は樹幹がパイプ構造をとったことで、巨大化した樹の根本にかかる負担を軽減したことになります。この空洞化も、樹がより長生きするための合理的な活動であると了解してよい現象であります。

●心材形成に関する研究

心材形成活動は大切な研究課題ですが、残念ながらその研究の歩みは早くはありません。また、活発でもありません。このような状況下、心材形成研究は木質資源の利用を考える場合には必要であると考えている研究者も少しはいて、いろいろな挑戦が行われ、着実に結果が集積されています。ここでは詳しくは述べませんが、このような研究は木質資源に依存しなければならない、人類の将来のために不可欠なことです。ところが、昨今の日本の大学ではこうした研究に没頭できない状況が拡大していて、大変気がかりでなりません。基礎研究のもたらす知見は新しい応用研究展開のためにも必要なことです。著者は改めて、基礎研究に専念できる環境の整備、充実を熱望いたしております。若い研究者がソロバン片手に日々研究するような国では、その研究水準はたかがしれています。

（大橋）

おもしろ木のあれこれ

精子で子孫を残す樹——イチョウ

イチョウ科植物　葉が東京大学や大阪大学などの校章にデザインされているイチョウは学名を *Ginkgo biloba* といい、イチョウ科の落葉樹です。属名の *Ginkgo* は銀杏（ぎんきょう）に由来します。この属名命名には逸話があります。植物分類学者の Carl von Linne がイチョウの学名登録に際し、ginkyo と書くべきを ginkgo と書き間違えた、いや、ginkjo を ginkgo と書き違えたなどと伝えられています。学名命名にまつわる逸話は他にも多々ありますが、イチョウの場合は Linne 大先生の筆の誤りのようで、ほほえましいことです。

イチョウの起源は約 2 億 9000 万年前の古生代末期、ベルム紀にまで遡れ、イチョウ科植物類は中生代のジュラ紀から白亜紀にかけて最も繁栄しました。その後、新生代になり、地球が何度も氷河に被われたので、仲間を失い、現存するのはイチョウだけとなりました。イチョウは暖かであった中国中部地域で生き延びたとされています。イチョウは晩秋の街を紅く彩るメタセコイアとともに、活きた化石植物です。なお、イチョウは中国から仏教とともに渡来したとの説がありますが、長野県に 2000 余年生、福岡県に 1900 余年生の老木が現存するので、この説は怪しいようです。

イチョウとソテツの変わった受粉　イチョウは雌雄異株で、変わった受粉をします。雄花は 5 月頃に開花し、その花粉を風に乗せて飛ばして雌株の花の卵口に送り込みます。その後、9 月始め頃、卵口に留まった花粉から精虫（精子）が生じ、これが蔵卵器に侵入し受精します。そして、10 月になると種子は急速に成熟します。これがイチョウの受精の始終です。

1896 年、東京大学助手の平瀬作五郎はこの受精現象を発見し、裸子植物であるイチョウがシダ植物のような繁殖をする種であると報告して植物系統学研究史上に名を残しました。また、同じ東京大学助教授の池野成一郎も 1897 年、同じ裸子植物のソテツも精子によって受精することを公表しました。このように 19 世紀末の日本の基礎生物学はすでに世界的水準に達していました。これは日本人として自慢してよいことでしょう。

池野と平瀬の間には微笑ましいエピソードがあります。池野は「自分の研究は平瀬さんの後追い研究である」と常に謙虚であったと言います。また、池野に帝国学士院恩賜賞授与の話が持ち上がった時も、「平瀬さんが受賞されていないので、自分は受賞できない」と固辞したそうです。幸い、この後、平瀬にも同賞が授与されています。なお、平瀬は晩年、故郷の滋賀県に戻って旧制中学の教員として終えたといいます。研究者として栄光の人生が保証されていた平瀬の周辺で何かあったようですが、詳しい事情を著者は知りません。（大橋）

第22話　木々の色あれこれ

●幹の材色

多種多様な樹木がありますが、これらを形成している主要な成分は三種類です。そのうち、セルロースとヘミセルロースは炭水化物系成分で、無色です。残るリグニンは芳香族系成分で、淡い黄褐色です。セルロース、ヘミセルロースおよびリグニンを中心に形成されている幹の材の外側部分、辺材の色は淡黄色から灰褐色であって、どれも似たり、寄ったりで大差ありません。したがって、木材で色を問題にする部分と言えば、心材なのです。木材は心材に心材成分と総称される化合物を局在させ、樹種、時には個体ごとに彩りを違え、個性を発揮しています。

同じ科や属に属する、すなわち、近縁関係にある樹木が保有する二次代謝成分は化学構造が同じであったり、よく似ているのは周知のことですが、これは二次代謝成分が遺伝子情報に従って生成される酵素類によって生合成されていることを想い起こせば、納得できることです。木材色の発現では、樹木それぞれが生成した心材成分の種類とそれらの多少によって樹種間や樹種内での違い（種差、個体差）を生じます。また、このことは心材の耐久性の違いをもたらしています。

●木材の色と木材利用

木材利用の観点から木材と光の関係について述べます。木材に太陽などの光があたると、木材はある波長域の光を吸収し、残る波長域の光は反射します。反射光は人の目に届き、この木材の色として感知されます。心材の色は冒頭でも述べたように、樹種や個体で違います。このような木材は時々、色に関する問題を引き起こします。

木材利用時に起こる色の問題は次のように大別できます。①木材の色がよくない、②同じ種の木材であるが、個体によって色が異なる、③木材の色変化が急で、製材時の色と以後の色の差が大きいなどです。①の場合は樹種本来の形質に起因していると説明できます。②の場合は樹種本来の個体差、生育中の環境の違い、伐採後の処理の差違などに起因すると説明できます。③の場合は伐倒や製材によって変色原因成分が光や酸素に触れたことで起こるものです。

木材加工時に発生する色の問題です。この多くは無視できません。これらを作用源別に列記すると、日やけ、空気（酸素）やけ、薬品やけになります。心材成分が光、酸素、酸、アルカリなどに触れると、変化、分解するので、材色も変化します。ここで、陽光（光）による木材変色に関するサンダーマン（W. Sandermann）の研究例を紹介します。彼は任意に選んだ七十五種の木材片に光照射したところ、九〇％が変色したと報告しています。このことは、木材という素材は本来、光で変色する

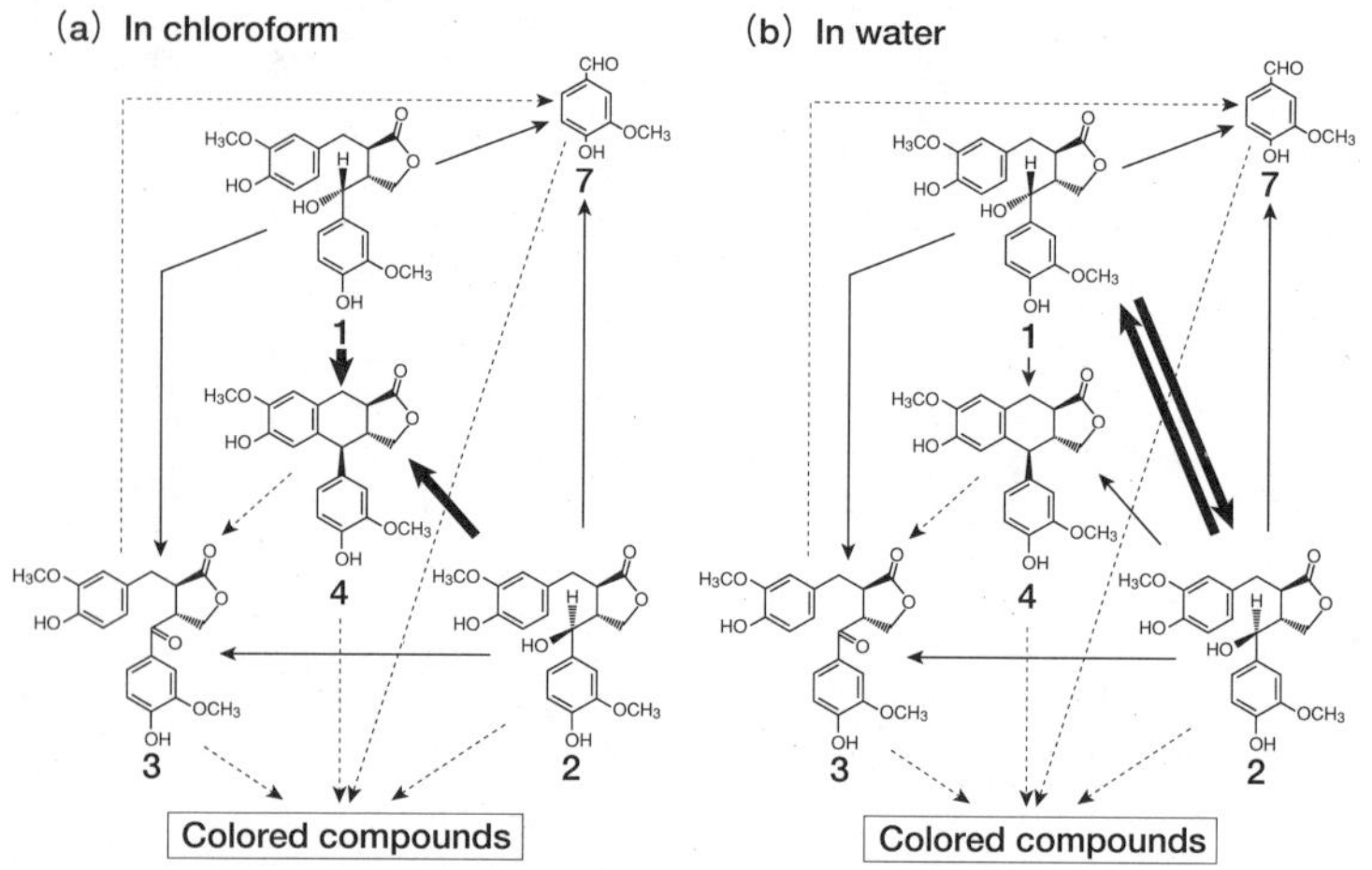

図1　ベイツガ材リグナン類の光変色

ものであることを示しています。また、目に見えない光、すなわち、近紫外光で変色したものが六〇余%、可視光で変色したものが約三〇%でした。これは木材がエネルギーに富む近紫外光だけでなく、エネルギーに乏しい可視光によっても変色するものであることを教えています。

●木材の光による変・退色

木材の光による変化には色が濃くなる「やけ」と、色が薄くなる「あせ」とがあります。こうした光変色はいろいろと検討、考察されています。前者では近紫外光吸収化合物であるフェノール類が、また、後者では可視光吸収化合物であるキノン類が光変退色に係わっていると理解されています。このことに係わる著者らの研究結果をまず紹介してみます。

ベイツガの光変色

ベイツガ（*Tsuga heterophylla* マツ科）は日本が多量に

輸入している北米産木材ですが(別記、おもしろ木のあれこれ「ベイツガ」を参照)、これは時々、やけを引き起こすので、利用上、問題になっています。著者らはこの光変色について考究しました。ベイツガ材が保有している主要なフェノール成分を単離し、これらを用いて光照射実験を行ったところ、木本植物が当たり前に保有している普通のリグナン類(芳香核部分がグワイヤシル(3-メトキシ-4-ヒドロキシ-フェニル)構造を持つ)がこの木材の変色において主役をつとめていることを確かめました(図1)。この結果はベイツガ材の光変色の実態を明らかにしただけでなく、ごく普通の木材も条件さえ整えば、容易に光変色することを明らかにしました。著者らの結果はW. Sandermannの研究結果を具体的に裏付けました。

●木材の色に関する問題

丸太材から板や柱を切り出す時、これらに色むらが認められて問題になることがあります。木工関係者は色むらをしみ、斑点、シリカ、石灰などと細分しています。色むらは樹木各々が自然を必死に生き抜いたなごりである場合が多いのですが、樹木伐採後に適用した貯木や乾燥などの処理によって後成的に生じる場合も少なくありません。生きている樹木本来の色むら形成では、樹の幹などに微生物や動物(昆虫)などが浸入すると、樹は自身を保護するために柔細胞を活性化し、侵入者の浸入阻止や排除を図る成分を増産あるいは新成するので、これが色むらをもたらします。これは樹木の普通の対応です。この場合、色むらは、外来者の浸入箇所を取り囲むように形成されます。

●木材の斑点障害いろいろ

木材の色むらは心材成分が道管や、割裂（かつれつ）（ファリーナ）と呼ぶ割れ目に集中、局在することでも認められます。この場合、問題成分は製材した板や柱の表面に白色や有色の点や線として目視できます。木材加工現場では斑点障害と呼んで問題にします。例えば、ユーラシアンチーク類（*Pericopsis* spp. マメ科）やメルボウ類（*Intsia* spp. マメ科）による斑点障害は有名です。ユーラシアンチーク類の斑点に関する研究では、斑点の実体成分がアフロルモシンやビオカニン-Aなどのイソフラボンであったので、次の斑点除去法が提案されました。斑点の実体成分はいずれも融点が低いので、ホットプレスで加熱してやると、融解、拡散、平均化するので、斑点問題は解消しました。

メルボウ類については著者らも検討しました。この材の斑点は三〇〇℃以上の高い融点（分解点）のフィゼチンやロビネチンなどのフラボノールでした。そこで、これらを融解・消去するために熱処理したところ、処理温度が高くて、メルボウの板や柱材は焦げてしまいました。そこで、改めて斑点除去法を考究しました。この材の斑点形成成分は芳香環上に隣接した水酸基や、カルボニル基に隣接した水酸基をもつフラボノール類であったので、問題の発生している材片を硼酸や硼砂の水溶液に浸漬・水洗したところ、フラボノール類はキレートを形成して溶離できました。そこで、著者らは硼酸や硼砂水による処理法を新斑点除去法として提案しました。

無機化合物による斑点障害も知られています。熱帯産のレンガス、マンゴ、タマクラ、カプール、チーク、メルサワなどに認められます。木材加工の現場ではこうした斑点をシリカ、石灰などと、斑点を構成している無機化合物別に区分しています。この無機化合物について詳しく述べると、シリカ(酸化珪素)、シュウ酸石灰、炭酸石灰、コハク酸アルミニウムなどで、これらの斑点除去法は原因物質ごとに違います。炭酸石灰は酢酸に、シュウ酸石灰は希塩酸に溶けるので、問題を発生している板や柱は酢酸や塩酸の希釈液に浸漬して洗うことを推奨できます。しかし、シリカやコハク酸アルミニウムについては目下のところ、これらを溶解できる溶剤が見いだされていないので、除去不能です。このような斑点を形成している木材は使わないのが最善の策ですが、資源の有効利用を考えると、目に見えないところに使いましょうと、提案することになります。

●木材の色素成分の除去法いろいろ

すでに一部は紹介しましたが、ここで、木材の色に係わる問題解決に関する一般的な考え方をまとめてみます。まずは、問題を引き起こす原因成分を除去、拡散することですが、これには溶剤による洗浄、ホットプレートによる熱処理などの方法があげられました。しかし、これらの除去法を長大な木材に適用するとなると、多くの場合、困難です。何故ならば、木材の細胞は本来、各々が厚く、水漏れし難い細胞壁で包まれており、問題成分はその内側に存在しているからです。柱や板材を洗ったとしても、それは表面部分を処理するだけのことです。次の問題解決法は原因成分を破壊、除去することで、漂白剤のような薬剤で化学処理を施すことです。しかし、この方法は木材自体を白っぽくしてしまうので、これに続く、染色や調色などの後処理が必要になります。これは製品のコストアップという問題を新たに抱えこむことになります。

他にも対処法が考えられます。例えば、問題成分の水酸基をアセチル化やメチル化などの化学処理で安定化する方法です。しかし、これの面倒な点は変・退色原因成分ごとに対処法が違って煩雑なことです。この場合も、板や柱の表面で部分的に対応できても、全体へ対応するとなると、大変に難しくなります。さらには、変色原因成分の引き起こす問題を前もって予想して染色、調色、着色などの処理をすることも考えられますが、これらにも基本的な問題があります。対象木材を本来の色よりも濃くしなくてはならないことです。以上のように木材の変色問題に対する完璧な対処法はないというのが正直なところです。

木材は生物遺体であるので、得られる素材や製品が千差万別で違うのが当然です。著者の口癖ですが、木材は酵素が造り上げた代物（しろもの）で、それぞれは個性的で、不揃いです。これこそは木質の価値であり、おもしろみです。このことを踏まえた木の使用と利用が望まれます。（大橋）

おもしろ木のあれこれ

世界一背の高い木と太い木―レッドウッドとジャイアントセコイア

世界中で最も樹高の高い木「レッドウッド」と最も太い(体積の大きい)木「ジャイアントセコイア」がともにアメリカ合衆国カリフォルニア州に生育しています。その両方の樹木の生育場所に行って見てきましたが、とても対象的なところで、もう20余年前のことですが、その時の感激は今も鮮やかに脳裏に甦ってきます。

レッドウッドは比較的身近な観光地で見られました。カリフォルニアの代表的な有名都市サンフランシスコから観光バスツアーで行けるミユアウッズ国定公園に生育していました。樹齢1000年以上で樹高75メートルにも達するレッドウッドの大木が生い茂る森でした。しかし、世界一の樹高を誇るレッドウッドの森は、サンフランシスコからレッドウッドハイウェイと呼ばれる道路を430 kmほど北上したところにあります。海岸に沿った幅36 km、長さ720 kmにも及ぶベルト地帯に生育しており「コーストレッドウッド」と呼ばれています。ここには残念ながら行けませんでしたが、樹齢1500年以上で、樹高100メートル以上のレッドウッドが生育しているそうです。

この木はスギ科セコイア属の針葉樹で、材の耐朽性が高く住宅の外壁材、木製サッシ、ガーデン用の家具、など種々の用途に利用できます。辺心材は明瞭で心材は淡い赤色から赤褐色、辺材は白っぽい色で狭いです。気乾密度0.45で材質は軽軟なため加工性が優れ、表面の仕上がりは良好です。

ジャイアントセコイアはカリフォルニア州の奥深くシェラネバダ山脈の西側斜面の標高1500〜2400メートルの間に75の森を形成している地域に生育している世界一の巨樹です。この地域のセコイア国立公園とキングスキャニオン国立公園、ヨセミテ国立公園に生育する樹木群は樹齢2000〜3000年で樹高は60〜80メートル程度です。しかし、その木の太さは巨大で根元直径が10メートル以上、胸高周が25メートル以上、胸高直径6メートル以上などで、体積は1500立方メートルにも達するほど巨大で、世界一の巨大生物であると言われています。また、その樹形は独特で枝下高が40メートルに達するものもあり、枝と葉は上の方にしかなく、樹皮の厚さは60センチになるものもあって、いわゆるずんぐり・むっくりの樹木です。学名はスギ科、セコイアデンドロン属で1属1種です。別名をセコイアオスギ(世界爺雄杉)あるいは属名のセコイアデンドロンなどと呼ばれています。　(作野)

おもしろ木のあれこれ

世界一重い木・軽い木——リグナムバイタとバルサ

リグナムバイタとバルサは世界で一番重い木と軽い木ということで話題に上る対照的な木ですが、両者とも中南米の熱帯地域に産する木なのです。木が重いか軽いかは木にどれだけ空隙が含まれているかで決まりますが、その空隙を除いた木の実質はどの木でもほぼ同じ比重で、その値は約 1.50 です。そして、リグナムバイタの比重は 1.20〜1.35 ですからほんのわずかしか空隙が含まれてない、とても重たく堅い木で、当然水に沈みます。一方、バルサは比重が 0.1〜0.2 で非常に軽くて軟らかい木です。

リグナムバイタ（Lignam-vitae）は市場名で、ほかにボックウッド、グアヤック、ユソウボクなどの名前があります。明治時代の日本の文献にもグアヤックという名前でこの木の解説が出ているそうです。心材は木にはめずらしい濃緑褐色ですが中には真黒になるものもあるそうです。一方、辺材は黄白色であり心辺材の色が明確に異なります。木の肌目は非常に精密で均一であり、手で触ってみると蝋状の感触があります。100 ℃ 以上の水の中で熱すると木の中の樹脂が出るので、この性質を利用して船のスクリューシャフトのベアリングに用いられて、造船用の重要な木であったそうです。摩耗に対する抵抗性が特に強いことから、日本では明治時代には軸受けや滑車などに使われてきて、加工には金属加工用の機械が使われたそうです。その後、フェノール系の樹脂が使われるようになって、今ではこの木がほとんど使われることはないようです。

バルサ（Balsa）は中南米の市場名ですが、そのほか生育地域によってはいろいろな市場名があるようです。日本ではこの木が使われたという古い記録はないようで、軽くて柔らかい木を特に必要としなかったのでしょう。ただ、現在では各地の熱帯地域で植林栽培されていて需要も多くなってきています。心材と辺材の色の違いはほとんどなく、木全体がほぼ白色です。生長は速いのですが、7〜8 年生になると材が桃色を呈した淡褐色になってきて材値が安くなってくるので、比較的若い樹齢で白い材色のものが利用されることになるそうです。木理は通直で肌目は粗いものの材面はビロードのような感触です。加工は極めて簡単で、爪を立てても傷がつきますが、加工には鋭利な刃物を使わないと切り口が毛羽立ちます。

軽い材ほど品質が良いとされ、熱や音に対する絶縁性が必要な用途として現在でもブイ、救命具類、サンドイッチ構造の芯材、模型用材など広範囲に使われています。タンカーやスペースシャトルの内部にも使われた例があると聞いています。

（作野）

第5編　木を科学する②——木材の特性

第23話　木質バイオマスの低分子化と超臨界流体

緑の地球環境保全と人類の文化的な生存環境を維持しながら資源を有効に利用するためには、グリーンケミストリーの概念が大切な指針とすべきであることを紹介しました（第13話参照）。この指針では有害な廃棄物をださないこと、ならびに再生可能資源の利用率を高めることを必須条件としています。そのためには、合成反応や成分抽出に用いられる溶媒にも留意しながら、目的物質の収率を高め、原子効率[†]の向上を図る必要のあることを強調しています。

物質の合成や抽出には環境汚染物質となる有機溶媒が多用されていますが、グリーンケミストリーの観点からは超臨界流体の活用が推奨されています。無害で安価な水を超臨界状態に転換すると、油とも自由に混ざり合うようになるため、有害な溶媒を使う必要がなくなってきます。このような特質から、超臨界流体は天然・合成高分子廃棄物の再利用やダイオキシンなど危険物の無毒化などの分野で大きな可能性をもっています。

●超臨界流体とは

物質の温度や圧力によって変化する様子を示した状態図（図1）において、三重点†から右に伸びている曲線は沸点曲線といわれ臨界点まで伸びており、臨界点に達すると液体と気体の密度は等しくなって両者の区別が付かない均一な状態になります。

超臨界流体はこの臨界点以上の状態にある流体であって、液体と気体との中間的な性質をもつ高密度の蒸気といえます。代表的な流体を**表1**に示しましたが、環境調和型の媒体として水や二酸化炭素が多く使われています。超臨界状態にある流体は、密度ばかりでなくイオン積や誘電率も大きく変化しています。例えば、二五℃の水の比誘電率は七八・五四ですが、二〇〇℃では三四・五に低下し、臨界点では二〜一〇程度の有機溶媒に匹敵する状態になります。ちなみに、エタノール、ベンゼンの比誘電率は、それぞれ二四・三（二五℃）および二・二八四（二〇℃）となっています。超臨界水が、極性の小さな有機物を溶かすことができるようになる理由です。また超臨界流体の解離恒数も大きく変化してきます。常温水のイオン積は1×10^{-14}ですが、臨界点附近では1×10^{-11}の最大値を示

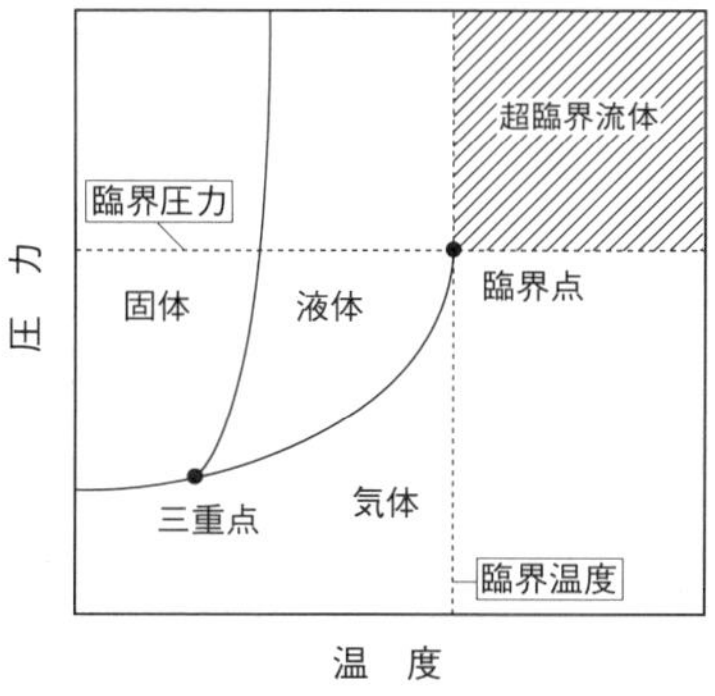

図1　純物質の温度－圧力線図

表1　代表的な超臨界流体

流　体	臨界温度	臨界圧力		臨界密度
	℃	MPa	気圧	kg/cm^3
水	374	22.1	218.1	0.315
二酸化炭素	31	7.1	70.1	0.469
メタノール	239	8.1	79.9	0.272

し、水素イオンと水酸イオンの濃度が高くなって加水分解能が増加します。メタノールの場合も臨界状態ではイオン積が増大し、アルコリシス能をもつようになります。なお超臨界領域における溶媒の諸性質は、温度・圧力を変化させることによって連続的にかえることができるのも大きな特徴です。

●抽出溶媒および低分子化媒体としての利用

超臨界流体は圧力によって溶解力を大きく変化させることができ、また抽出物が非揮発性の場合は減圧操作のみで溶媒を除去できるため、有用・有害物質の分離媒体として大きな利点をもっています。例えば、コーヒーからのカフェイン、ホップからのルプロン(苦味の主成分)、タバコからのニコチン、卵黄からのコレステロールなどの分離に超臨界二酸化炭素が用いられ、またフレーバー、色素、生理活性物質の抽出について高い関心が寄せられています。

また人類の文化的生活に大きく貢献したプラスチック類は均質で腐らないという特性から大量に消費されてきましたが、その利点とされていた特性は、使用済み廃棄物の処理段階で欠点となって社会的な大きな問題となりました。日本のプラスチック類の生産量は年間一五〇〇万トン程度であって世界総生産の約一〇%(人口占有率は世界の約一・五%)ですが、プラスチック類の廃棄比率は、一般廃棄物(約五一六〇万トン/二〇〇二年)の約六%、産業廃棄物(約四億トン/二〇〇二年)の約〇・五%となっています。さらに三重県での調査によると、一般可燃ごみに占めるプラスチック類の占有率は、重量比で二・五～一一・〇%、容量比で六・二～三七・二%と報告されています。この多量に排出される廃棄物は、①焼却、②埋立、③再資源化などによって処理されますが、埋立場所に限界があることや、塩素含有プラスチック類を燃焼すると猛毒性の†ダイオキシンを発生することなどが問題となってきました。このような熱可塑性または熱硬化性の樹脂からなる廃プラスチック類に起因する有毒ガスの無毒化や†ケミカルリサイクリング法として、超臨界流体による処理技術に大きな期待がもたれています。

　ダイオキシン類は四〇〇℃以上で三〇〇気圧の超臨界水で分解させることが見出されていますし、またアルカリを添加した超臨界水を使うとPCBのみを分解して共存する油をほとんど変質させることなく回収することが可能となります。また近年、廃プラスチック類のケミカルリサイクリング法として超臨界流体による検討が進められています。

　各種プラスチックのなかでエーテル結合(−O−)をもつポリエーテル類やエステル結合(−O−R−CO−)で重合したポリエステル、ナイロンのように酸アミド結合(−CO−NH−)をもつポリアミドなどは微生物分解と同様に比較的容易に解重合されてモノマーに戻すことができます。使用量の多いポリエチレンなどビニル系の熱可塑性樹脂は結合エネルギーの高い炭素─炭素結合で繰り返し単位間を繋げていますから、ポリエステル系より解重合し難いけれども、四五〇℃の超臨界水を用いると一時間でほぼ完全仁分解するようです。エポキシ樹脂やフェノール樹脂などの難分解性の熱硬化型樹脂についても検討されており、ノボラック型フェノール樹脂のメチレン鎖（$-CH_2-$）の開裂は、アルカリ塩（Na_2CO_3）の添加によって五〇〇℃で七〇％の分解率と四〇％のモノマー収率をえています。このように超臨界水を用いた廃プラスチックのリサイクル技術は将来的に大きな期待がもたれていますが、特にポリエチレンテレフアレート（ＰＥＴ）のモノマーへの転換技術は最も進んでいるようです。

●木質バイオマス（リグノセルロース）の分解

木質バイオマスから有用成分を取得するためには、化学的または微生物的な方法で分解することが一般的ですが、これらの分解反応は不均質に進行します。木質バイオマスは分解性能が大きく相違する多成分から構成されてこと、および主要成分であるセルロースは水素結合などの物理化学的親和性によって五〇％以上の結晶構造をとっているため、均質反応は期待されません。

多成分の複合高分子である木質バイオマスに対して、これら超臨界流体はどのような挙動を示すでしょうか。国内では、京大大学院の坂研究室によって精力的な研究が進められており、次のような結果が得られています。

易分解性であるヘミセルロースは、臨界点より低い一八〇～二八五℃の加圧熱水（1～34.5MPa≒10～352kgf／cm²）でアラビノース、キシロース、キシロビオースなどのキシロオリゴ糖などの構成糖が生成されます。セルロースでは結晶構造を形成する水素結合も三五〇℃以上の処理温度では切断され、解離度の高い水媒体との接触が容易になってくるため、超臨界水によって速やかに加水分解され、全てが水溶性の生成物に転化されます。主生成物はオリゴ糖、グルコース、フルクトース、エリトロース、グリセルアルデヒドなどです。

難分解性であるリグニンを含む木材質についても検討されています。坂研究室の報告によりますと、三〇〇～四〇〇℃（100～115MPa≒1,020～1,320kgf／cm²）の超臨界水で針・広葉樹材を処理すると、多糖類は水可溶成分に、リグニンは水不溶でメタノールに可溶な部分と不溶の成分に分割されています。成分検索によって、エーテル結合したリグニン構成単位は容易に開裂されること、炭素―炭素結合の切断は困難なことなどを見いだしております。また、メタノール可溶部は縮合型構造をもつ二・三量体であり、不溶区分は縮合型構造に富んだリグニンフラグメントであるとしております。なお、超臨界アルコールで処理すると、アルコリシスによって低分子化されます。

木質バイオマスの化学的有用資源化の成否は今後の研究に待たねばならないでしょうが、酸・アルカリや有機媒体ではない、環境にやさしい超臨界流体による変換技術は、今後ますます期待される分野の一つとなるのは確かなことでしょう。

（阿部）

第24話　木の変身――煮たり焼いたり

●煮て変身――伸びたり縮んだり

乾燥した木材に水を吸わせると乾燥材の何倍もの水を吸い込むことができます。しかし、その吸い込む量は木の密度によって異なり、軽い木ほど吸収する水分量は多くなります。その吸収割合（最大含水率）を計算すると、世界で最も軽い木といわれるバルサ（全乾密度〇・一〇）は九六一％となり、実に木自体の重さの約十倍の水分を吸収することができます。それに対して最も重たい木といわれているリグナムバイタ（全乾密度一・三二）では三七・七％となり材の重さの三分の一しか吸収しません。しかし、いずれの木でも十分に水を吸収させておくと木材中の空隙はもちろん、細胞壁の中まで水分が入り込んで細胞壁の分子と結合して、木を柔らかくします。ある程度の水分を含ませて熱を加えるとさらに柔らかくなって、木を自由に変形させることができます。そして、変形した状態で乾燥するとその状態で固定されます。このような木材の性質は曲げ木家具などの製造に利用されます。また、軟化させ外部から圧力をかけて、木材細胞や組織が破壊しない程度に圧縮して固定させることによって、「圧縮成型木材」をつくるができ、圧縮の程度によって密度が調整できます。この手法を利用してスギのような軽軟な辺材部を持つ丸太を、圧縮して四角に固定することによって角柱材にすることができます。例えば断面の約六〇%まで圧縮すると、辺材部の密度は〇・三五から部分的に〇・七〜〇・八程度まで高くなり、重厚で耐磨耗性に富む建築用柱材が製造できます（小林　一九九八）。

さらに、木材小片であれば沸騰水に浸漬して十分に膨潤したものをラップで包んで、これを電子レンジで加熱します。その後この木材をプレスで圧縮して乾燥すると元の寸法よりかなり小さい寸法になったまま固定されます。この圧縮木材を広口ビンに入れて、びんの中に水を入れると圧縮木材は再び膨潤します。そして、ビンの水を捨てて膨潤したまま木材を乾燥させると、ビンの口より木材を取り出すことはできません。すなわち、木材はビンにとじこめられたままになって「ビン詰め木材」ができます（作野ほか　二〇〇五）。

●焼いて変身――木炭、木酢液

木材を炭化して黒く変身させた木炭は、古くから日本では不可欠な燃料として利用されてきました。しかし、化石燃料の台頭によって燃料としての地位を失ってしまいました。ところが、近年その木炭が見直されてきて、木炭の持つ燃料以外の多くの機能を有効に利用しようということで種々検討され、一部は実用化されています。また、炭化する際に採取される木酢液もいろいろな方面に有効利用されています。

木炭は原材料の木材を空気(酸素)の極めて少ない状態で燃焼(蒸し焼き)することによって「炭化」したものです。酸素の少ないところで木材を加熱すると二八〇℃前後の温度で組織の熱分解が始まります。組織の分解と同時に様々なガスが発生し、どんどんガスが発生することにより炭素が凝縮されていきます。そして、最終的には原材料の木材に比べて重量で四分の一、大きさ(体積)で三分の一程度に軽く、小さくなった木炭ができるのです。焼いて変身した「木炭」は英語では「wood charcoal ウッドチャコール」と言います。この木炭には炭化(焼成)の仕方と温度、原材料の違いによって次のような種類があります。「黒炭」：四〇〇〜七〇〇℃で炭化、炭窯(すみがま)の中で消火します。原木はナラ、クヌギ、カシなどです。炭質は白炭に比べて柔らかく、着火性はよく立消えも少ないです。「白炭」：八〇〇℃以上で炭化、窯の外に出して消火灰をかけて消火します。原木はウバメガシ、カシなど。炭質は非常に硬く、叩くと金属音がします。着火しにくいが火力が強く火持ちがよく、一般に「†備長炭(びんちょうたん)」と呼ばれています。「オガ炭」：おが屑や樹皮を粉砕したものを高温・高圧で圧縮成型した「オガライト」を原材料として、六〇〇〜一〇〇〇℃以上で焼成したもので、黒炭と白炭がともにあります。「竹炭」：竹を原材料として焼成した炭で、一般に黒炭

生活環境資材用
- 炊飯用
- 飲料水用
- 消臭用
- 風呂用
- 寝具用
- インテリア用
- 室内空気浄化用
- 鮮度保持用

住宅環境資材用
- 床下調湿用
- 室内調湿用
- 建材用

農林・緑化・園芸用
- 土壌改良用
- 融雪用

水処理用
- 環境保全用
- 水質改善用

畜産用
- 飼料添加用
- 臭気防止用

その他
- 美術工芸用
- 工業原料用
- 電磁波遮断用

図１　炭の新しい使い方

ですが、「竹備長」と呼ばれる高温炭化のものもあります。なお、炭化焼成温度が高くなると炭は電気を通すようになり、備長炭は高い導電性を示しますが、オガ炭の白炭は半導体的性質です。

これらの木炭は燃料としての利用以外の新しい使い方が、**図1**のように多岐分野にわたってきており、さらに検討が進められています。新しい使い方として注目され、検討されているものについて紹介してみましょう。

炭入り畳

炭は水分を吸収したり放出したりする調湿性能に優れていることが知られています。そこで、芯に炭をいれた調湿性のある、健康によい畳を作ろうという試みがされています。まず、どの種類の炭がより調湿性に優れているかが検討されました。細かくしたいろいろな種類の炭をハニカムコアーという紙でできた蜂の巣状のものに入れて、炭が洩れないように全面に接着剤を塗って固定したもの（接着剤有）と、周囲のみを固定したもの（接着剤無）の2種類のパックを作って、そのパックの調湿性能が比較されました。その結果、**図2**に示すように最も低い温度で炭化焼成した軽いスギの消し炭が、他の種類の炭より調湿性に優れていました（作野　二〇〇三）。

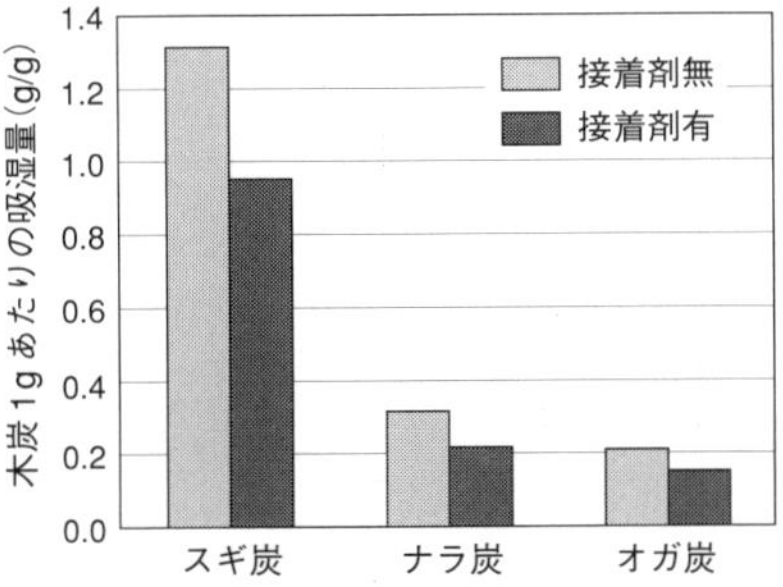

図2　3種類の炭の吸湿性能比較
炭の密度（g/cm³）：スギ炭 0.17、ナラ炭 0.59、オガ炭 0.86

そこで、スギ炭を入れたパックをスギチップボードで包んで芯にした畳を作って、プラスチック発泡材を芯にした市販の畳と吸放湿性が比較されました（作野ほか 二〇〇六）。その結果明らかに炭入り畳は調湿機能に優れていることがわかりました。こんな炭入り畳を敷いた日本間なら快適な、住む人に優しい居住環境を作り出すことができるでしょう。

オガ炭空気電池

「オガ炭」の半導体的性質を利用した空気電池が開発されました。この電池の仕組みは**図３**に示すようになっています。「オガ炭」は鋸くずを高温高圧で成型した棒状の材料を、一〇〇〇℃以上の高温で炭化焼成した炭です。その炭は半導体的性質を有していることが実験で明らかになったので、その性質を利用した空気電池が開発されました。そお電池は電源のないところで半永久的に使える電池として注目されています。ただ、現在のところ大きな電圧や電流は供給できませんので、ＬＥＤ（発光ダイオード）による照明の電源などに応用されそうです。一般の電源が供給されてない孤島や海上ブイなどに利用されれば便利だろうと期待されています。今後さらに高い電圧、電流が得られるようにするために開発研究が進められています。

（作野）

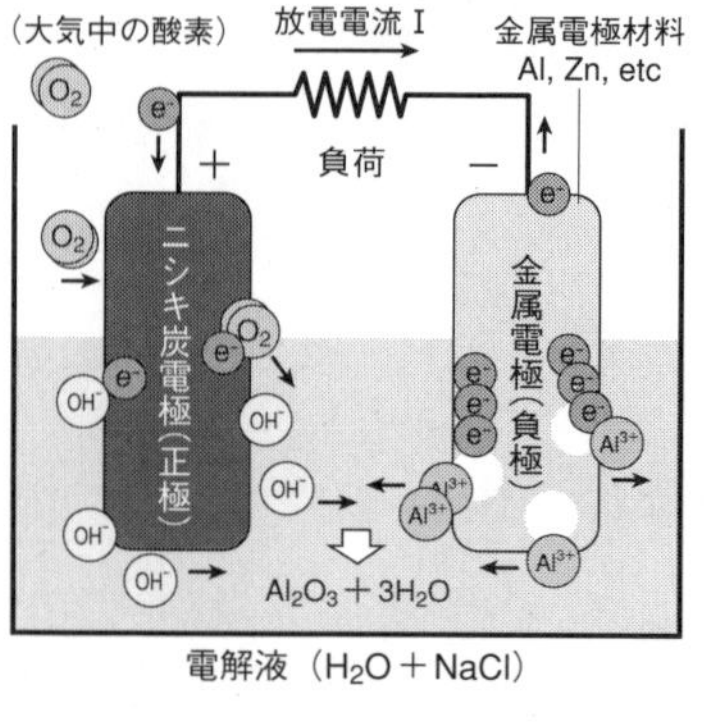

図３　空気電池動作説明図
（ニシキ炭：オガ炭の商品名。図提供：鳥取大学工学研究科 笠田洋文氏）

おもしろ木のあれこれ

日本の最も軽い木と重い木――キリとイスノキ

日本産木材の中で比重の最も低い木が「キリ：比重0.1」で、高い木が「イスノキ：比重0.9」です。キリ（桐）はゴマノハグサ科キリ属の落葉広葉樹で、生長は極めて速く大きな葉をつけて1年で2〜3メートルにも達します。中国原産とされていますが、日本では北海道南部以南に分布しており、全国各地の屋敷周りや集落の周囲に植栽されたり自生したりしていますが、特に「会津桐（福島県）」や「南部桐（岩手県）」などが有名産地です。材は軽くて下駄や箪笥、琴や神楽面などの材料になります。かつて、田舎では女の子が生まれたらキリを植えるという習慣がありました。それは、娘が嫁入りするときには植えたキリを切って嫁入り道具にするという意図でした。材はくすんだ白色で、軽くて心、辺材の区別はなく、割れや狂いが少なく湿気を通さない高級材です。キリ材で作った「桐箪笥」といえば高級家具の代名詞でしたし、「桐下駄」も軽くて高級履物として重用されました。また、スライスド単板を表面に化粧張りして箪笥の引き出しなどに用いられます。そして、伝統的和楽器の琴竿にはほとんどキリの大径材しか使われません。産業的に大量に用いられるようになる一方で、日本国内ではあまり植栽しなくなったこともあって、最近では南米、東南アジア、中国などからの輸入材が多く用いられています。ところがキリ材は淡赤色に変色することがよくありますので、変色防止法がいろいろ行われますが、なかなか完全な防止法がありません。

なお、キリの花と葉を意匠化した「桐花紋」は、「日本国政府の紋章」で菊花紋に準ずる国章としてビザやパスポートなどの装飾や内閣総理大臣の紋章に使われています。

一方、イスノキはマンサク科イスノキ属の常緑広葉樹です。日本では関東以西の暖地に生育して樹高25メートル、直径60センチにも達する高木になります。ただ、成長が遅く枝分かれが多いため生垣としてよく植栽されています。その新緑が出揃う頃に葉の中肋（中央の主脈）近くにアブラムシの「虫えい」がよくできます。この虫えいは秋頃に、できた当初の大きさの5倍にもなるので、「五倍子」ともいわれ、タンニンを多く含んでおり染料の原料として利用されます。

材は非常に堅く極めて緻密な散孔材で、材質は日本産材の中で最も重硬なもので強度的にも高い材です。そのため、切削加工が困難で一般の用途には使えず、唐木細工に似た家具や指物などごく特殊なものに使われる程度です。

（作野）

第25話　木の強さと弱さ

●樹は強い生命力の持ち主

樹は何千年も生きている、地上最大の生物です。日本では屋久島に生育している屋久杉の「縄文杉」が最も古い木と言われており、その樹齢は五～六千年と推定（正確な樹齢判定は難しい）されています。屋久島に生育する樹齢千年以上のスギを「屋久杉」と称しているとのことで、屋久島には沢山の長寿のスギが生育しています。また、アメリカには世界一の高さの樹木と、樹木一本の体積が世界一という樹木が、ともにカリフォルニア州に生育しており（本書おもしろ木のあれこれ参照）、いずれも樹齢千年以上の樹が沢山あります。そのほか、多くの樹木は百年以上の寿命で生育しています。

では、樹はどうして大きな樹体で長い期間生育する強い生命力が維持できるのでしょうか。それは、生育している（立っている）樹体の生きている部分（組織）はほんの一部分だけで、ほとんどの部分は生きていません。しかし、死んだ細胞はそのままでは腐ってしまうので、生きている間の栄養貯蔵組織の「柔細胞」に蓄えられていた栄養分を、細胞が死ぬ時に腐りにくい性質を持つフェノール系の物質に変えて樹体を腐りにくくし、長年月樹体を支えることのできるように軽くて強くしているからです。また、樹体の外側は樹皮に覆われていて、生命を維持し細胞分裂をして生長している部分の「形成層」を保護するとともに、風雨や動物などの加害を受けにくいように防護しているので、木が長期間にわたって強く生きられる力になっていると言えるでしょう。

さらに、重要なのは樹体が倒れないように地下で支えている根の力です。樹木の巨体を支えるために四方八方に根を張り巡らせて、台風による強風などにも樹体が耐えられる力を維持しています。根のもう一つの重要な役目は樹体が生命を維持するための水分や養分を地上部の樹体に送り続けることです。樹木の全体構造を模式的に**図1**に示します(塩倉　一九九八)。

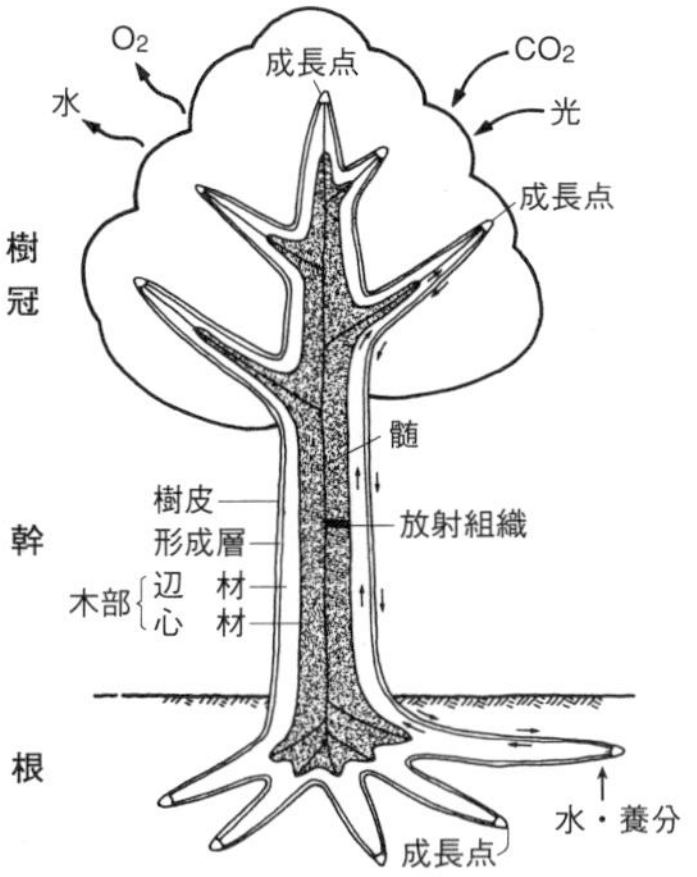

図 1　樹木の全体構造模式図

私たちはこの樹体の地上部分を伐採して、樹幹部分を木材として加工利用します。木材は樹木として生きていた年数だけ生き続けると言われています。薬師寺の宮大工棟梁であった西岡常一氏は著書『木に学べ』(一九九六)の中に〝樹齢千年のヒノキを使えば、建造物は千年はもつ〟と述べています。しかし、木は切ってからの取り扱い方と、その後の使い方を誤ればとても弱いものとなってしまいます。それは、木が植物の死骸だからです。その詳細についてはこの後に述べます。

●木は折れにくいが割れ易い

割ばしを折ろうと思うとかなりの力がいりますが、割るのは割れ目が入れてあるとはいえ、ほとんど力がいりません。すなわち、木は折れにくく割れ易い構造になっていて、方向によって強さが大きく違います。木の組織を構成する八〇%以上の細胞が樹幹の立っている方向（軸方向）に配列していますので、その方向にかかる引張りや圧縮の力に対しては非常に強いのです。しかし、それに直行する方向（横方向）に対してはとても弱いのです。したがって、割り箸を折ろうとするのは軸方向の引張りと圧縮の力が作用する曲げに対しては、なかなか折れず強いのです。これに対して、箸を割るのは横方向に対して引っ張る力になるので、とても弱い力で割れるのです。また、これらの構成細胞は中空の繊維状または管状であり、木材は無数のパイプを束ねたような多孔性の軽量で超異方性の材料であります（**図2**）（佐伯　一九八二）。その一本のパイプ（細胞）も**図3**に示すように壁が層状で複雑な構造になっています。したがって、密度は小さいのですが、そのわりには強度が強いのです（佐道　一九九〇）。

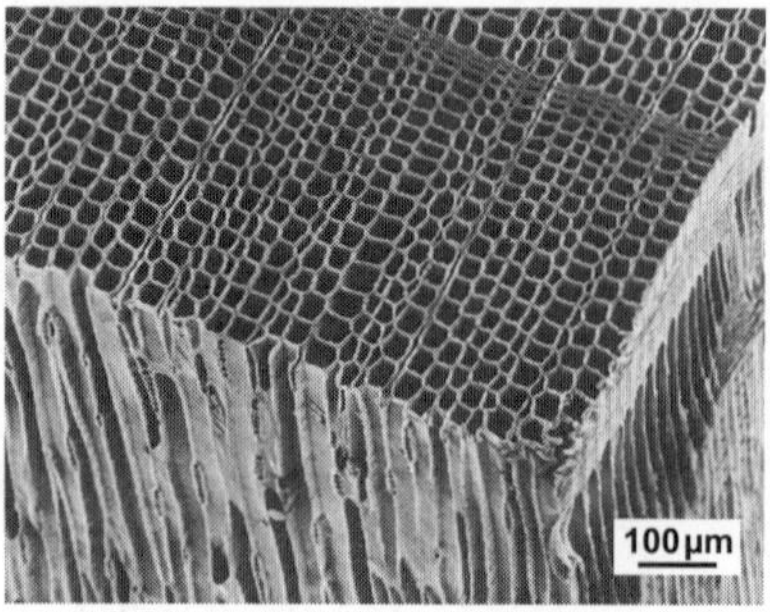

図2　ヒノキ材の3断面構造
（走査電子顕微鏡写真）

これらの強さの関係についてスギ（気乾密度〇・三二）を例に比較

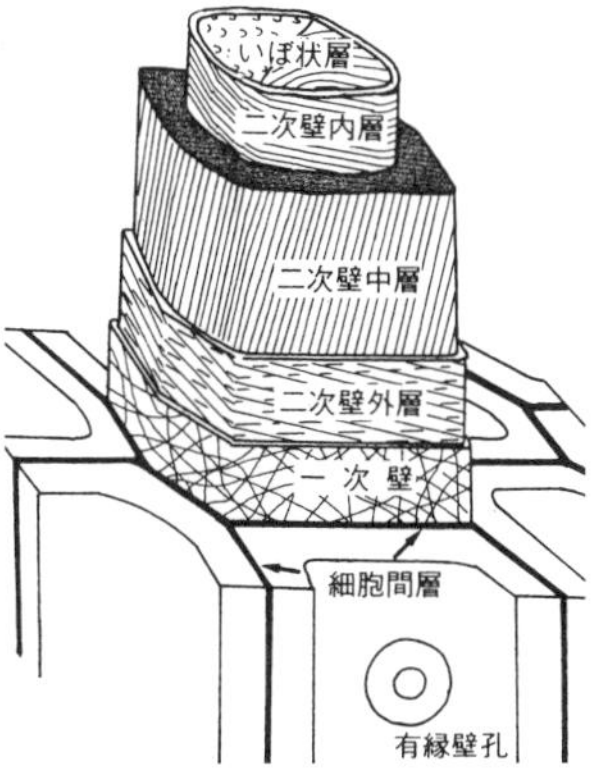

図 3　木材細胞壁の壁層構造模式図

してみると、軸方向の縦引張強度五七Mpaに対して横引張強度は半径方向で七Mpaと約1／8と低い値で、接線方向では二・六Mpaとさらに約1／20の低い値です。この縦引張強度を他の材料と比強度(強度／密度)で比較してみると密度の低いスギは一七八で、比較的密度の低い金属であるアルミニウム(四五)の約四倍となっていて、木は軽くて強い材料であることがわかります(高橋ほか　一九九五)。

古代人はこのような木の強さと弱さをうまく利用して生活の道具に使っていたようです。金属製の加工道具がまだ開発されていない時代には、倒れた大径木を木口から年輪に沿って割裂することによって板状の材料を採取して利用した例が遺跡の出土木などで見られるようです。これは半径方向の横引張強度の弱さをうまく利用した例といえるでしょう。

一方、軸方向では単に引張強度が強いだけでなく、圧縮強度と両方が作用する曲げに対しては繊維が絡み合った構造で、とても粘り強く折れにくい性質を持っています。だから、構造物の梁や、橋桁など曲げの大きな力がかかるところに使われても十分に機能を発揮します。

●「狂う、腐る、燃える」は木の弱点か？

一般に木の三大欠点は狂う、腐る、燃えることであると言われています。しかし、このことが単なる欠点（弱点）だろうか、ということをよく考えてみましょう。

木が狂うのはなぜでしょう

木が狂うとは、寸法が変化して伸びたり縮んだりすること、それにともなって曲がったり反ったり割れたりすることですが、木を使う限りこのことを避けることはできません。こういった寸法変化が生じるのは木が水分を吸ったり放出したりしているからなのです。樹木として生育している木を材として利用するために伐採すると、樹幹内には多くの水分を含んでいてこれを「生材（なまざい）」と呼んでいます。その伐採時の水分量（含水率）は樹種、伐採時期などによって異なりますが、最も少ない場合でも乾燥した材の重さの三〇%以上、最も多い場合には二〇〇%以上にも達しています。だから、材として利用するためには必ず乾燥しなければなりません。自然に乾燥するのを待つ「天然乾燥」では一年以上かかって、一五%程度にまで含水率が下がって「気乾状態」になります。これよりさらに乾燥させようとすれば人工的に乾燥させる「人工乾燥」が必要です。木は水分の放出・吸収過程において、約三〇%以下の含水率では水分量の変化に伴って木の寸法も変化するのです。寸法変化のメカニズムは複雑ですが、木の方向によって変化の割合が大

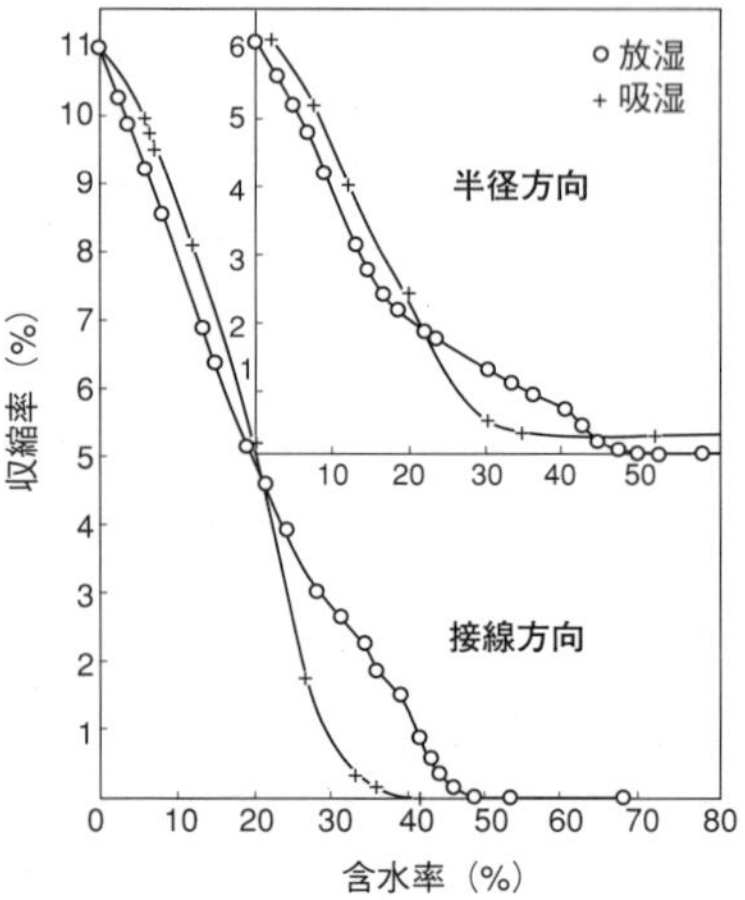

図 4　吸・放湿過程における木の含水率変化と収縮率との関係

きく異なります(図4)。軸方向にはほとんど変化しませんが年輪に沿った方向(接線方向)が最も大きな変化を生じ、年輪に直行方向ではその二分の一程度の変化で、両者とも水分の変化量に対してほぼ直線的に変化します。この変化割合はどの樹種でもほぼ同じですが変化の程度(水分を放出する乾燥過程では収縮率、水分を吸収する吸湿課程では膨潤率)が木の密度によって異なり、密度が高いほど変化率が大きくなります(越島ほか　一九七三)。

このように寸法変化して、木を狂わすのは確かに材料として使う上ではやっかいなことなのですが、寸法変化をするということは水分を吸ったり、放出したりして水分調整をする能力(調湿性)を持っているということです。この性質が環境にやさしい材料として、木がわれわれの生活空間に好んで使われる大きな要因になっているのです。

木は大気中の温湿度が安定したところに長期間置かれると、その環境に対応した含水率(平衡含水率)になって、含水率がほとんど変化しなくなるので寸法変化が生ずることなく、木の狂いもなくなります。

腐るのはなぜ

木は植物であり伐られたらその植物の死骸となりますから、そのまま屋外に放置されれば腐ります。腐るのは、木が多孔質であり木材腐朽菌が住みやすい空隙があって、しかも木を構成している組織が分解されて菌の繁殖するための栄養源になっているからです。そして、木は完全に腐った後は屋外なら土になりますので、考えようによっては、木が腐るのは環境保全には有効な働きです。

このことを利用して、木材チップや使い古した木を積極的に腐らせて堆肥として利用することは立派なリサイクル技術です。

木を腐らす菌はいろいろありますが、代表的な菌は木の主成分であるセルロースを好んで分解して栄養源にする「褐色腐朽菌」と、セルロースなどの主成分を固めて接着剤の役目をしているリグニンも分解することができる「白色腐朽菌」です。これらの腐朽菌はいずれも空気中で適度の温度、湿度がなければ活動できません。特に水分条件が大切で湿度が低く、乾燥したところで木が湿っていなければ腐朽しません。また、菌も好気性ですから真空状態や水中で酸素の供給が遮断されたところでは腐朽させることができません。そのため、湿地帯などの地中に埋没した木は腐らずに保存されたままで発掘されるのです。

しかし、木を伐採後製材して乾燥し、湿度が高くなく雨のかからないところで使われれば腐ることはなく千年以上も保存されますので、法隆寺などの古い木造の建造物が存在するのです。乾燥した木は含水率が低いほど強くなり、例えば縦圧縮強度では含水率一%の変化に対して約六%も変化します。ただし、年数が経つと木の自然劣化で強度は少しずつ低下していきます。

●木は着火し易いが燃え尽きにくい

木は確かに火が着き易い材料で、三五〇～四五〇℃に加熱されると着火して燃え出します。このように着火温度が比較的低くて着火し易いことは、弱点とされていますが、古代から石油燃料が普及するまでは、この着火し易いことが日常生活に大変役立ちました。薪を燃やして炊事をした時代には、容易に火を着けることのできる木は必要不可欠で、「着け木」といって薄っぺらい短冊状の木片の先に硫黄が少し塗られたものが販売されていたこともありました。また、廃材の処理などにも燃料として有効にリサイクルしてきましたし、いよいよ不要になった木は燃やして処分すれば、後に残った灰はアルカリ性であり土壌改良材としても利用してきました。ただし、現在ではダイオキシンの問題などがあって屋外で容易に燃やすことができなくなっています。

このように、容易に燃やすことのできる木ですが、実は一方では完全に燃え尽き難い材料なのです。大きな断面の木は表面に火が着いて燃えるのですが、燃えたところにはすぐ炭化層ができて、発炎燃焼が抑えられて内部への熱伝達が抑制されるために内部が燃えることはありません。ですから、大きな建造物が火災に遭って鉄骨が軟化して撓んだり倒れたりしても、断面の大きい木材の梁や柱は燃え尽きて崩れることはほとんどないことが確かめられています。ですから、見方によって木は火に強い耐火性の材料ともいえるのです。これは、木の熱伝導率が軟鋼などの金属材料に比べて非常に小さくて、比熱は逆に大きく、しかも明確な融点を持たないことなどによるものだということです。（日本木材学会編　一九九五）

（作野）

第26話　自然のアート――木目模様

●心を和ます木目模様

木材の表面に現れる木目模様が、「木」であることの存在感を示していると思います。それは、日本人が木目模様をとても好むし、心を和ます効果があるからでしょう。プラスチックや金属など木で出来てないものにも木目模様をプリントしたり、プリントした紙やフィルムを貼り付けたりして、木で出来ているように見せかけているものがよくあります。最近の印刷技術の発達によって本物の木材表面のように見えるし、エンボス加工[†]という技術で細かい凹凸までも表現できます。

では、木目模様が和み効果があって、好まれるのはなぜでしょうか。それは、触ってみると冷たくなく、「暖かい」感じがするからです。木材表面は微細な空隙を持った細胞の集まりで出来ているので、実際にプラスチックや金属に比べて暖かいのです。だから、プラスチックや金属でも表面に木目模様が印刷されるか、印刷されたものが貼ってあると木材と思って見られ触ってみなければ暖かく感じて、心が和むのです。また、木目模様はほぼ平行した線で構成された模様であり、そのことが、ランダムに交差した模様に比べてすっきりした落ち着きのある安心感をもたらすのではないかということが、アンケート結果の分析からわかったそうです（増田 一九八九）。その上、ほぼ平行線状であるが幅や模様が一定でなく、色合いも白黒のようなはっきりしたコントラストがついていないので、柔らかなゆらぎが感じられて程よい刺激を与えることが和みの要因の一つになっているのではないかと考えられています。

●木目模様の現れ方

木目模様の現れるのは、①早材と晩材の色のコントラストに基づく年輪模様、②環孔材（ケヤキ、ハルニレ、ミズナラなど）の道管配列によって見られる模様、③ミズナラなどの柾目面に見られる独特の木目模様になっている虎斑（とらふ）などです。日本のように四季があるところに生育する樹木は春季に形成される薄い細胞壁で構成される早材部は淡色に見え、夏季に形成される厚い細胞壁で構成される晩材部は濃色に見えます。しかし、両者の境界はあまり明確でなくソフトなコントラストで、しかも両者の占める割合も気候変動などの生育環境によって一定でなく、極めてランダムですのでゆらぎを感じるのです。

樹木を伐採して立っていた方向に直行する方向で切断された面を木口（こぐち）面と呼びますが、その面には早材と晩材が交互に輪状に現れ、これを年輪と称しています。早材の端から晩材の端、すなわち次の早材との境界までが一年間に出来た細胞で一年輪ですので、その輪の数を数えると樹木の育っ

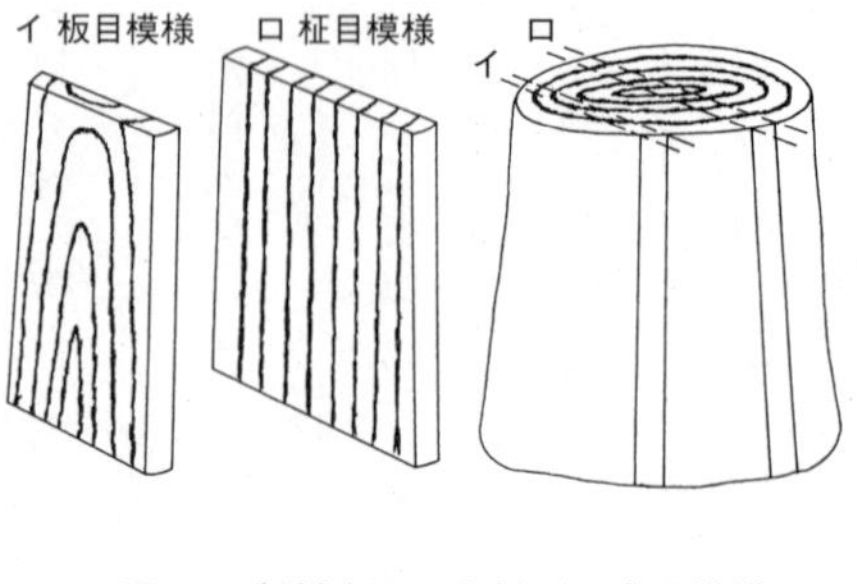

図1　製材木取りと材面の木目模様
（朝日新聞社編『樹の事典』1984より）

た年数（樹齢）がわかります。ただし、この木口の年輪模様は木目とは呼びません。

樹木は立っている方向の上部にいくに従って細くなっていきますので、ほぼ円錐形になっています。したがって、上部に行くにつれて木口の直径は小さくなり、年輪の数は少なくなっていきます。そして、最先端部分の「頂端分裂組織†」と呼ばれる部分の細胞が、下方に新しい細胞を分裂しながら自分自身は上方へ押し上げられて行くことによって樹木は伸長生長していって樹高を伸ばして行くのです。このようにして円錐が重なって出来ている樹木を伐採した丸太を、立っていた方向に平行に切っていく（製材していく）と、早・晩材が交互に紡錘形になって現れる「板目面の木目模様：板目模様」になります。また、樹心部分を通るように切ると早・晩材は平行線状に縞模様になって現れ、これが「柾目面の木目模様：柾目模様」となります（図1）（上村　一九八四）。一般に製材した板材ではこの両者が同じ材面に中央部分は板目模様、両端の部分には柾目模様が現れます（図2）。このどちらか一方のみの木目模様が現れるように製材することは困難ですが、目的の木目模様ができるだけ多く出るように製材することを「製材木取り」と呼んでいます。

このような年輪模様は主に年輪のはっきりしている針葉樹材にみられます。広葉樹では年輪が明

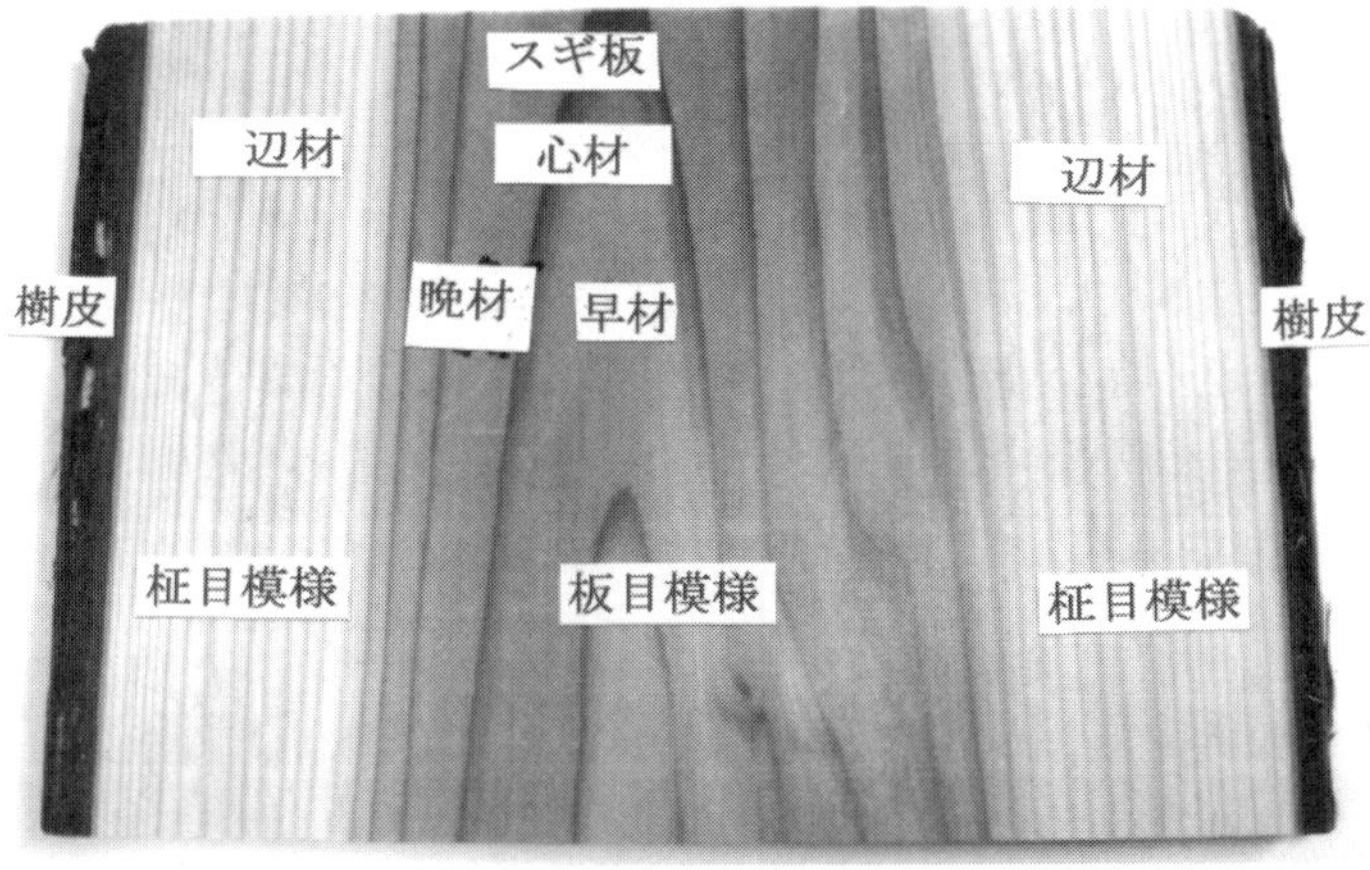

図 2　スギ板材面の柾目および板目の木目模様

瞭に現れない材も多いのですが、環孔材では早材部の壁の薄い径の大きい細胞で構成される道管が環状に配列する組織構造であるために、その道管配列模様が木目模様となります。その典型的な材がケヤキです。ケヤキの板目面の木目模様はとても美しく、耐朽性も高く神社建築などに古くから高級建築材として使われてきました。特に、心材部は濃褐色で光沢があって、年数が経つにつれて一層美しい心材色になってきます。

一方、東南アジアに生育する「ラワン」に代表される、いわゆる南洋材の類は熱帯気候で一年中生長しているために早・晩材ができず、明確な木目模様がない材が多く、平滑な材面になっています。そのため、材の表面に紙やプラスチックフィルムなどを貼る化粧合板の台板などには最適です。

●木目模様を活かした加工利用

日本の木造建築では随所に木目模様が活かされてい

ます。構造材の柱や梁にはほとんど針葉樹材が用いられますが、室内に現れる部分には特に木目模様を活かした使い方がされます。柱にはヒノキで無節の柾目が最高と言われていますが、製材でそんな柱が取れるような原木はまずありません。そこで、最近では集成材に好みの木目模様の薄い化粧単板を貼り付けた集成柱が用いられることが多くなっています。梁の方は横架材であり、木目模様は板目模様になります。

古い神社やお寺の建築には構造材としてケヤキが用いられ、総ケヤキ造りの建築もあります。何百年というかなりの年数が経っていても堅牢で、外気に曝された材面はみごとに天然のエンボス加工を施されたような木目模様が現れています。また、今では在来工法の木造住宅にも大黒柱のあるところは少なくなっていますが、大黒柱にはかなり太いもので材面には板目の木目模様が現れた材が使われています。古い住宅には立派な木目模様を持つケヤキの大黒柱がみられます。

屋内の造作材となると、在来木造住宅に限らずほとんどの住宅の内部にはあらゆるところに木目模様が活かされています。針葉樹材では壁や床の間のヒノキ板目模様、マツの板目心材あるいはスギ心材の天井板などは木目模様をフルに活かした内装といえるでしょう。筆者にとって忘れられない天井についての思い出は、皇居豊明殿に参殿して鳥取県若桜町産のスギ板が張られた天井を見学させていただいたことです。当時の鳥取県副知事であった沖 正さんから宮内庁の方に、筆者が豊明殿を見学できるように依頼していただき、特別に見学させていただくことができたのです。その時には天井を眺めてとても感激しましたが、残念ながら天井のスギ板の木目模様がどうだったのかは全く記憶していません。

かつては、木目模様のいいところが表面に出るように製材した無垢材（むくざい）が使われてきましたが、それにふさわしい原木が少なくなって価格も高騰してきましたので、ほとんど使われません。そこで、木目模様のいいところを採材してフリッチ（角材）を採取し、それをごく薄くスライスしたスライスド単板を合板の台板に貼り付けた「単板化粧張り合板」が壁板や床板そして天井板として、「新建材」という名前で使われるようになりました。さらに、スライスド単板を採取するための原木が少なくなって高騰してきたために、木目模様を紙やプラスチックフィルムに印刷したものを台板合板に貼り付けた、オーバーレイ合板が作られるようになりました。今ではそれがごく一般的に内装用建材として使われています。

筆者は若い時に、このようなオーバーレイ合板を製造する会社にほんの短期間でしたが就職して、その製造に従事しました。当時印刷された木目模様は熱帯産材の色模様の美しい柄がほとんどでしたが、五十種類くらいある柄の品番と樹種名を覚えることが職場で第一に課せられた課題でした。その中で今でも鮮明に覚えているのが、縞馬の柄に似た縞模様のゼブラウッドや日立グループのコマーシャルで歌われる「この木何の木」でおなじみのモンキーポッドなどの名前です。

さらに、究極の木目模様を活かした加工利用は工芸品でしょう。その中でもろくろ加工で製作される作品は常に木目模様が表面に現れます。特にケヤキやクリの丸太をろくろ加工して、漆仕上げした花瓶や茶道の棗（なつめ）などは環孔材の美しい板目模様が現れます。また、丸盆に加工すると木取りの仕方によっていろいろなパターンの木目模様の盆ができます。さらに、食器の椀や皿も昔はすべてろくろ加工で広葉樹材の木地で作られたものを使ったのですが、今ではほとんどがプラスチックで成型されたものに木目模様をつけた製品になっています。木製の木地で作れた製品は非常に高価なものになっていますが、それだけの価値はあると思います。

神社、仏閣には木目を活かした彫刻がよく見られますが、その多くがケヤキの材を使っています。一般の住宅でも在来工法で建てられた日本間の欄間にもよく木目を活かした板に彫刻された立派なものがあります。

●特殊な木目模様──杢

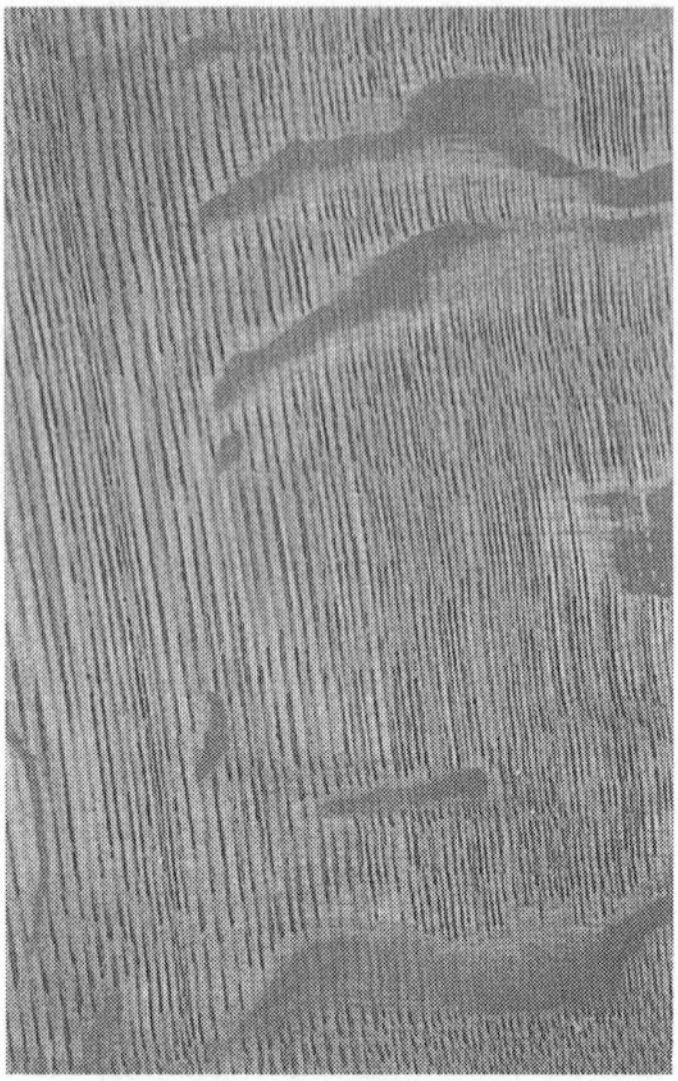

図3　ミズナラの柾目面に固有の放射組織が作り出した虎斑
（朝日新聞社編『樹の事典』1984より）

異常生長による波状年輪、局部的な繊維の湾曲やねじれなど、種々の原因によって材面に現れる特殊な木目模様を「杢（もく）」と呼んでいます。樹種によりさまざまな杢が現れ、材面の模様から連想されるかあるいは感覚的に命名された名称が付けられています。杢材は装飾的価値が高く一般に極めて高価で、床まわりの装飾材、指物（さしもの）†材、扉のかがみ板、仏壇、天井板などに用いられます。最近では、無垢材で使うには高価で量も限られるので、薄いスライスド単板にして合板や集成材の表面に化粧貼りして用いられることが一般的になっています。主な杢として次のようなものが挙げられます（木材活用事典編集委員会　一九九四）。

牡丹杢（花のような模様）、玉杢（連なった環あるいは渦巻いた波のような模様）、縮緬（ちりめん）杢（縮緬状の模様）、葡萄杢（葡萄のように球体が連なったような模様）などがあります。

これらの杢はケヤキ、クスノキなどに多く見られ、シオジ、カエデ、トチノキなどにも現れます。また、スギに現れる杢にはうずら杢、きじ杢、笹杢、白杢などがあります。カシ、ミズナラなど大型の放射組織を持つ材の柾目に現れて、虎の斑紋に見える杢を虎斑（とらふ）と呼んでいます（図3）。そのほかカエデによく現れる鳥眼杢、トチノキなどに見られる縮れ杢、南洋材のマホガニーに現れるリボン杢などがあります。

（作野）

第27話　植物の分類や進化を考える拠りどころ

●植物たちの関係

森林では生き物は互いに係わり合って生きています。例えば、植物はある場面では他の生物と仲の良い関係を維持しています。この関係が共生です。他方、植物には他の生物と張り合い、競い合う関係もあります。この関係は競争です。植物は他の生物と共生または競争しながら生長し、実を結んで子孫を残しています。われわれが今、目にしている植物は生物間での競争や共生において機能できる、有効な手段を獲得できたので、生命を謳歌していると考えてよいでしょう。当然、有効な手段を獲得できずに滅び去った植物もあります。これらは進化で後れをとったのですが、その数は大変多く、現存するものの数をはるかに越えると研究者は述べています。現存する植物の生命の謳歌に深く関わっているのが二次代謝成分(抽出成分)です。

「植物が自然界を生き抜けるのは何故?」、「植物の長所と短所はどのような点?」、「植物は動物や微生物に攻撃されても、絶滅しないのは何故?」等々、植物に関する質問を皆さんに発すると、いろいろとご返答いただけると思いますが、どの返答においても、植物は一カ所に根付いて身動きできない、ひ弱な存在であることを認識された上で、返答されることと著者は予想いたします。皆さんが認識されるように、植物は受動的で、か弱い存在であるが故に、たえず変貌し続けてきた生き物であるとも言えます。この変貌には抽出成分が介在し、機能してきました。

●植物の存亡を決める成分

植物が生物界に君臨しているのは光合成と抽出成分生成という生理活動を駆使するようになったためであると理解されています（第18話「生物界に君臨する植物」参照）。植物は光合成によって潤沢なデンプン（グルコース）を蓄え、これを原料として生理活性をもつ抽出成分を次々に生成するように変貌してきました。この生成過程が二次代謝活動で、この活動で生成されるのが二次代謝成分（抽出成分）です。

抽出成分は植物が普遍的に生成しているもの、種や、属や科などのグループごとに特殊に生成しているものに二大別できます。後者の成分こそは植物が自然を個性的に生き抜き、子孫を残すために活用しているもので、人もうまく利活用できないものかと注目しています。植物が抽出成分を保有「する」、「しない」は種の存続、滅亡を決めたり、種を識別する拠り所になっています。

●二次代謝成分の生成と二次代謝成分に係わる学問領域

二次代謝成分(抽出成分)は一次代謝経路のメンバー化合物を原料とし、酢酸・マロン酸経路、メバロン酸経路、シキミ酸経路などと呼ぶ二次代謝経路を単独、あるいは団体で機能させて生合成されます。抽出成分の生成経路の反応ごとに酵素が介在して反応を触媒しています。これら酵素は遺伝子に記録されている情報によって、抽出成分の生成に先だって生成、準備されます。したがって、これら酵素を生成「できる」、「できない」が、抽出成分の保有と非保有を分けています。また、このことは抽出成分の種類が無限にあるのではなく、有限であることも教えてくれます。

植物は普通、植物体を構成している器官や組織の姿や形が似ている、いないなどで識別されますが、上記したような理由で、抽出成分の有無によっても識別できます。ある抽出成分に注目し、その保有状況、保有成分類の生合成、化学構造の差違と類似性などを比較、考究して植物を区分するのです。こうしたことを考究する学問領域が植物化学分類学(plant chemotaxonomy)です。また、保有成分の有無や差違から植物の進化も学べます。こうしたことを考究するのが植物化学進化学(Chemical evolution of plants)です。

●イソフラボノイドとその植物界での分布

抽出成分の一グループ、イソフラボノイドを例に植物分類を具体的に考えてみます。フラボノイ

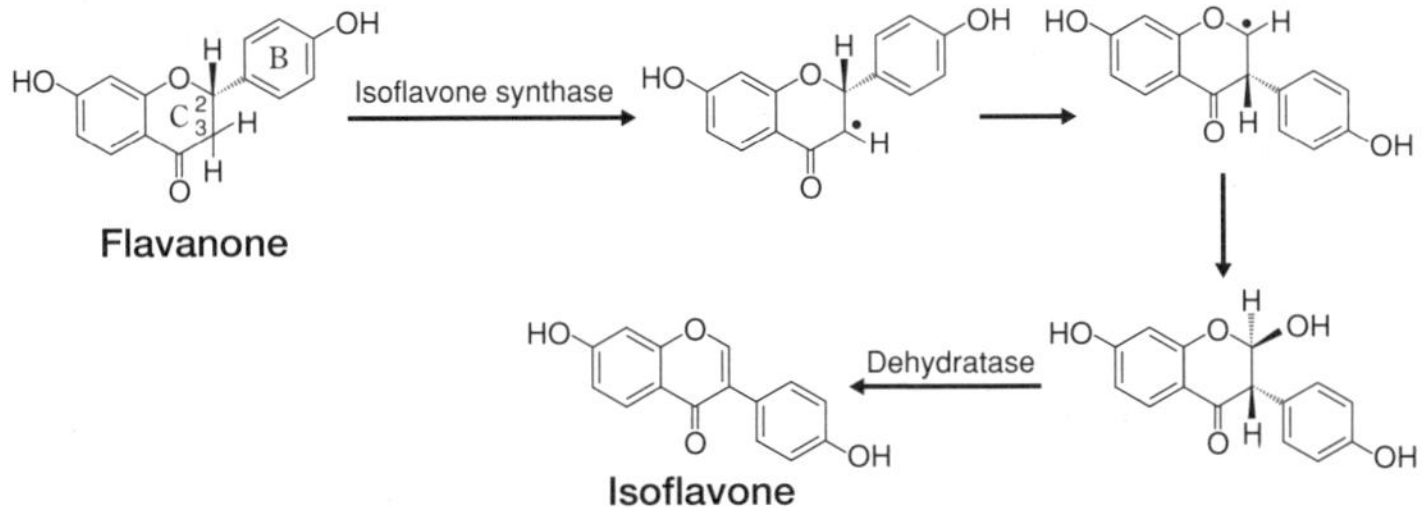

図1　フラバノンからイソフラボンへの変換

ドは植物界に広く存在していますが、これらと極めて近縁なイソフラボノイドは局在します。イソフラボノイドはフラボノイドを経由して生成されます。その分岐点は**図1**に示すように、フラボノイドの一群であるフラバノンのB環部分をC環(酸素へテロ環)部の三位炭素へ転移させるイソフラボンシンターゼが触媒して、イソフラボノイドの一群であるイソフラバノンを生成する反応です。この酵素を保有した植物だけがイソフラボノイドを生成できます。イソフラボノイドにはイソフラバノンから続いて生合成されるイソフラボンの他に、酸素へテロ環部分が酸化または還元されて派生するイソフラバン、イソフラバン、プテロカルパンなども知られていますが、これらイソフラボノイド構成群生合成の詳細はまだ不明です。

イソフラボノイドは成分検索当初、マメ科のミヤコグサ亜科の植物に集中して発見されたので、この亜科の植物に固有な成分と認識された時期もありましたが、その後、イソフラボノイドの検索が進み、アヤメ科、クワ科、ヒユ科、マキ科などの植物とともに、バラ科、マメ科のジャケツイバラ亜科やネムノキ亜科の植物にも散見することが明らかになりました。

●イソフラボノイドがマメ科周辺植物に局在する理由

イソフラボノイドがマメ科のミヤコグサ亜科に加えて、バラ科、マメ科のジャケツイバラ亜科やネムノキ亜科の植物に散在することについて推察してみます。現在、バラ目に帰属されているマメ科とバラ科の植物は以前、バラ科として一括処遇されていた時期もあったように、近い関係にあります。その後、植物形態分類学が進み、マメ科植物はバラ科植物から分離独立しました。さらに、マメ科植物はジャケツイバラ、ネムノキ、ミヤコグサの三亜科に区分されました。この分離や区分において、マメ科やミヤコグサ亜科に分属できる種がバラ科に残されたり、ミヤコグサ亜科に分属できる種がジャケツイバラ亜科やネムノキ亜科に分属されたのは理解できることでした。バラ目植物分類確立の経緯に照らせば、イソフラボノイド保有植物が少数ですが、近縁の科や亜科に散在することは納得いただけましょう。また、植物形態分類学によるミヤコグサ亜科設定の正統性は、この亜科にイソフラボノイド保有植物が集中していることで支持された格好でもあります。

●化学分類学や化学進化学あれこれ

二次代謝成分(抽出成分)には化学構造が単純なものから複雑なものまでがあります。進化するということは、単純であった生物が複雑な生物に変わることです。同様に、複雑な化学構造の抽出成分は、単純な化学構造のものが酸化、還元、保護などされて生合成されます。生成に手数のかかった成分を保有する植物は、単純な化学構造の成分を保有する植物よりも進化していると考えるのが植物化学進化学の立場です。この立場からマメ科植物を改めてみてみます。フラバノンのB環部分をC環の三位に転移するイソフラボンシンセターゼによってイソフラバノンを生成できるミヤコグサ亜科の植物は、イソフラボノイドを生合成するという点で、他の亜科の植物よりも進化していると考えてよいので、ミヤコグサ亜科の植物に対して新しい科を設定して独立させてもよいかもしれません。

また、ミヤコグサ亜科植物中には、イソフラボノイドよりも骨格炭素が一個多いロテノイドを保有するものがあります。これらはイソフラボノイドに炭素を取り込み、第四の環を形成する反応を触媒する酵素を保有したからだと考えられます(図2)。ロテノイドを保有する植物はイソフラボンを生成できるようになった植物がさらに、複雑化、すなわち、進化した植物であると言えます。これら植物に新しい科(区分)を設定してもよいのかもしれません。

含窒素色素成分のベタレイン類を保有する植物群がありますが(図3)、これらの植物界における分布はイソフラボノイド保有植物のように偏っており、ヤマゴボウ科、オシロイバナ科、ツルナ科、スベリヒユ科、アカザ科、ヒユ科の植物に限られています。これらの科はアカザ目に帰属されていて、近縁であることが伺えます。しかし、アカザ目には他にも、ナデシコ科、ザクロソウ科などの植物が属していますが、これらはベタレイン類を保有しません。そこで、ベタレイン類保有植物は他の植物と区別して、新しく、目を創設してまとめてもよいのかもしれません。最近、ＤＮＡ

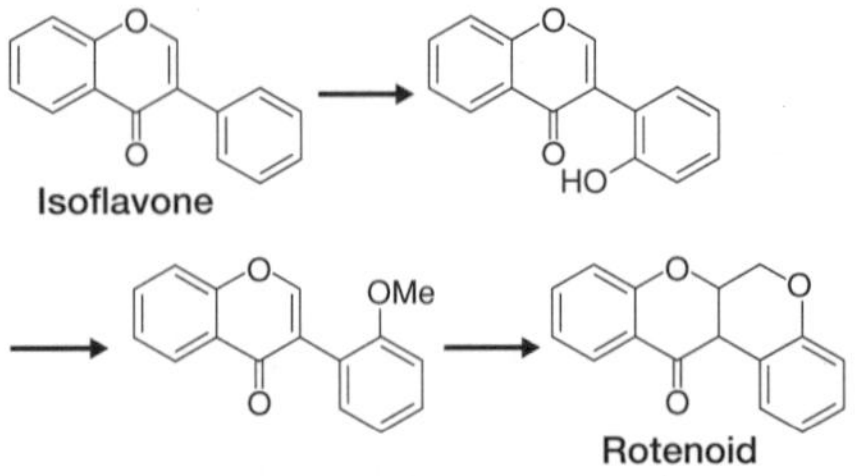

図 2　イソフラボンからロテノイドへの変換

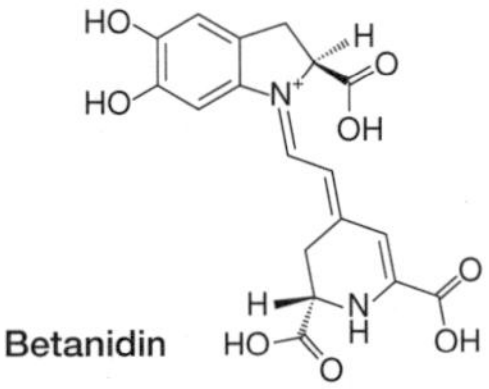

図 3　ベタレイン類の一種、ベタニジ色素

塩基配列の分析から植物の系統分類を考える新しい研究が始まっていますが、アカザ目のベタレイン類保有植物と非保有植物についてこの手法によって検討が始まっています。そして、その結果は今紹介した仮説を支持するものであったことを書き添えておきます。

　植物の化学分類学や化学進化学は興味深い学問領域ですが、植物抽出成分の有無などの保有状況に関する検討がこれまで、一定の基準と精度で行われていませんので、抽出成分で植物の分類や進化を考究するには限界がありました。植物の分類学や進化学は従前からの組織、構造に依存するのが本位で、抽出成分に依存するのは補助であると言わざるをえません。しかし、今も述べた遺伝子の塩基配列に依存する分類研究が始まり、成果の集積が進んでいますので、近い将来、新しい植物分類体系が具体的かつ一般的になるでしょう。新植物分類体系と抽出成分保有状況を関連づけて考究する化学分類学や化学進化学は興味津々です。今後の推移が大変気になるところです。

（大橋）

おもしろ木のあれこれ

岐阜の樹――イチイ

イチイと笏、一位一刀彫　功績を積んだ人に国が与える位階の最高位、正一位や従一位を意味するイチイ（*Taxus cuspidata*、イチイ科）というご大層な名をもつ樹があります。この樹は九州、四国、本州、北海道、さらには朝鮮半島、中国東北部、ロシア極東部に分布しています。この名称は昔、貴人が正式の礼服、束帯を着用した時に手にした細長い板、笏を飛騨で産するイチイ材で造って朝廷に献上していたことに因んでいるとされています。郡上市荘川には「次郎兵衛のイチイ」と呼ぶ、国の天然記念物に指定された、幹周り 8 m 超の巨樹があります。岐阜、高山ではイチイ材で彫り物が造られており、一位一刀彫と呼ばれて人気があります。このルーツは 19 世紀初め、高山出身の松田亮長が江戸でイチイ材からノミだけで根付を彫って好評を博したことにあります。このような経緯もあり、岐阜県は現在、イチイを県の木に指定しています。

イチイの優れた性状　イチイ材で細工物が造られるのは、この材は光沢があり、緻密で堅く、粘りのある、くせのない細工向けの素材であるためです。この粘り強い性状はアイヌの人々も知っていて、これで弓を造りました。また、心材は時とともに、黄褐色から深みのある飴色（赤みをおびた茶褐色）に変わります。これもイチイ木工製品や細工物のセールスポイントです。さらに、イチイ材は眞崎仁六が日本で初めて工業的に鉛筆を造った時に使ったことでも有名です。この材のくせのなさが評価されました。

イチイの赤い実　イチイは秋に紅い実をつけます（写真１）。これをイチイ果と呼びますが、イチイは裸子植物ですので、種子は本来むき出しで、果実を形成しません。この紅い部分は種子を包んでいる種皮で「仮種皮」と呼びます。イチイの仮種皮は甘く、食べられますが、種子部分に有毒のアルカロイド、タキシンを含んでいるので、仮種皮を食べる時には注意しなくてはなりません。なお、タキシンは属名 Taxus に因んで命名されました。成分の命名では保有植物の学名や地域名がよく採用されます。

写真１　イチイの仮種皮
（写真提供：佐野雄三氏）

属名の Taxus はギリシャ語の taxon（弓）に因んだ用語です。ヨーロッパのイチイ材も堅く、しなやかであったので、弓が造られました。このことが学名命名に反映されました。また、この話はアイヌの弓の話と相い通じていて、ほほえましい。人が道具の材料を探す時、試行錯誤のすえに行き着くところは民族を問わず、同じになるようです。　（大橋）

おもしろ木のあれこれ

その優れた生理活性成分──イチイ

タキソール　イチイ属樹木が世界中で注目されるに至ったのは、米国のM.C. Wani と M.E. Wall がパシフィックイチイ(*Taxus brevifolia*)の樹皮抽出物が白血病細胞に毒性を示すと報告したことにあります。、今から 40 年余り前まで遡ります。彼らはまた、この実体成分を特定、単離してタキソールと命名しました。なお、この呼称はこの後、製薬会社、ブリストル・マイヤーズ・スクイブが商品名として登録したので、研究の場ではパクリタキセルと呼ぶこともあります。

タキソールの複雑な化学構造が多くの研究の結果、決まりました。この化合物の化学合成も 1980 から 1990 年代前半にかけて多くの研究グループが競い、現時点では 5 グループが成功しており、東京理科大の向山光和グループもその一つです。成功した合成法はいずれも、40 を超す反応を積み重ねる煩雑なものです。天然性化合物が発見されると、化学構造が決められ、続いて、珍しい化学構造の場合には合成法も検討されます。これが天然物化学研究の常道です。タキソールも常法通りに研究が進められましたが、これを加速させたのはタキソールの生理活性でした。

タキソールの生理活性　1978 年、米国の S.B. Horwitz と P.B. Schiff はタキソールがその時までに知られていた抗ガン剤のどれとも違う作用様式でガン細胞を死滅させると報告しました。さらに、彼らはこの成分の体内での機能様相についても研究し、タキソールは細胞を構成している微少管に結合することを確かめました。タキソールが結合した微少管を保有する細胞は以後、分裂できなくなり、最終的に死滅する。しかも、この成分はガン細胞の微少管と優先的に結合することも明らかになりました。

加えて、タキソールは乳ガンや子宮ガンに特に効くこと、肝ガンやメラノーマ(皮膚ガンの一種)にも有効なことも報告されました。これらの成果を受け、研究がさらに進み、タキソールの理解は一段と深まりました。

タキソールの確保　ガン患者の増加を受け、タキソール確保策が考究されました。イチイ類からの取得は、100 年生のイチイの 1 本から得られるタキソールはわずか 1 g(患者を 2 回治療できる量)で、需要を賄えません。事実、米国では国中の森からイチイが消えてしまったと揶揄されている始末です。化学合成による取得も上記したように、煩雑な反応を積み重ねること、しかも、これら反応の中には工場で適用困難なものもあって、実現は難しい状況です。タキソール大量取得は、現状では実現していません。　(大橋)

第6編　木を科学する③——森林産物の利用

第28話　樹木とタンニン

近年、健康食品に関連してポ†リフェノールやタンニンなどが注目されています。例えば、お茶はガンや虫歯や紫外線による炎症を防ぐ効果があり、大豆のポリフェノールには乳ガンの予防効果がある、等々の話題が報道されています。

タンニンはお茶や柿ばかりでなく、樹体を保護している樹皮にも多く含まれている自己防御性のポリフェノール化合物であって、その他多くの植物体にも含まれています。

●ポリフェノールとタンニンについて

植物体のポリフェノールは、黄色の色素化合物を総称するフラボノイドのポリオキシ誘導体として存在しています。お茶や赤ワイン、コーヒなどに含まれている低分子の化合物としては、カフェー酸、ガリック酸などの単環物質や、三環物質のカテキンなどをあげることができます。また収斂性・鞣皮性をもつ縮合型タンニンは、カテキン類似物質を基本単位とした多環ポリフェノールとみなされます。

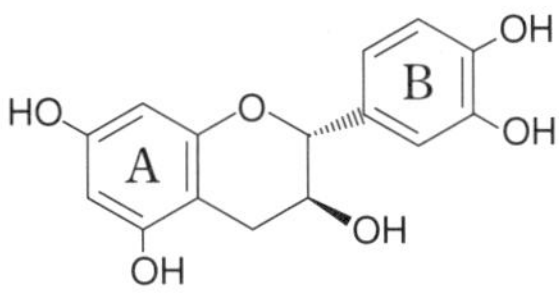

図1　(+)-カテキン構造

植物の外敵に対する防御成分であるポリフェノール類の特質は、水酸基の置換数や置換位置および複素環の構造によって変化します。例えば、構成要素である各種フェノール誘導体の求核性をホルムアルデヒド（HCHO）によって測定した結果、フロログルシノールA-環をもつ（+）-カテキンやフロログルシノールの反応速度定数はフェノールの五百万倍も大きく、メタ-2置換体であるレゾルシノールでも十万倍程度の高い求核性を示しました。

フラバノール（3-オキシフラバン）のポリオキシ誘導体であるカテキン類の特性の一つは、前述のようにその高い求核性にあります。もう一つの特徴はカテキン類のB-環がカテコールやピロガロール構成核からなっていることであって、求核性はA-環より小さいけれどもオルト-置換体であることからキレート性を示し重金属を捕捉する能力をもっていることです。なお置換した水酸基は還元性基であるため非常に酸化されやすく、これらのポリフェノールは病気の元凶といわれる活性酸素[†]のスカベンジャー（掃除役）となりうることが抗ガン性、抗レトロウイルス性を発現する原動力となります。

●お茶と柿のポリフェノール

お茶のポリフェノール類は、活性酸素のスカベンジャーとして有効であることが疫学的に証明されており健康食品として注目されていますが、お茶の製造方法によって味、香り、成分が大きく異

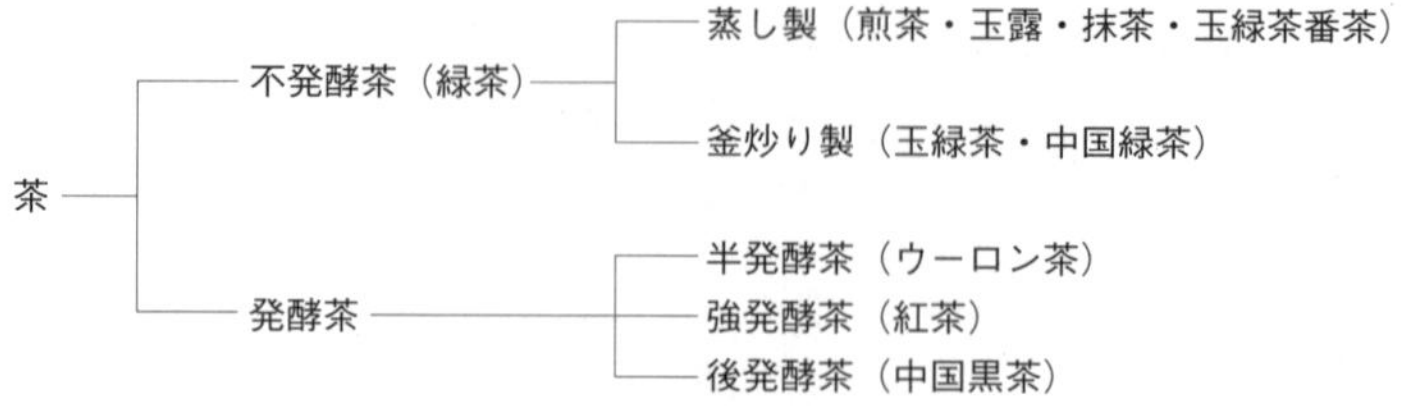

図２　茶の種類と分類

なっています。緑茶(不発酵茶)は生茶葉をそのまま乾燥してえられた製品であり、ウーロン茶(半発酵茶)は葉の組織内に含まれる酵素の働きを利用して一定期間発酵させた後に加熱して酵素活性を抑えた製品です。紅茶(強発酵茶)は発酵操作を最後までおこなったものです。生茶の主成分である*l*-(エピ-)ガロカテキン-ガレイト、*l*-エピカテキン、カテキンなどの単量体は発酵によって減少し、またエステル結合していたガレイトは加水分解されて遊離してきます。さらに発酵期間を延長するとポリフェノールの重合がすすみ、タンニン質が増加してきます。なお、赤ワインやココアなどに含まれているポリフェノールも同様の抗酸化作用を示します。

柿の渋もポリフェノールの重合体であって、渋み成分(カキタンニン)が舌のタンパク質と結びつくことで味蕾細胞が麻痺し、その情報が脳に伝わる結果起こる感覚が「渋み」となります。カキタンニンは容易に酸化されて重縮合する不安定な高分子物であって、分子量(一万三千程度)が大きいためタンパク質との結合が容易で固い沈殿物を速やかに生成します。この特性から、清酒の白ボケの原因である変性アミラーゼなどの除去に適しています。また、防水・防腐効果をもつことから衣類の染色や麻・綿糸製の網や釣り糸を長持ちさせるための染め材料として活用されていました。

工芸関係では、細工しやすく強靭で染付け時に狂いが生じないなどの理由から型紙作りに必須のものとされています。その他、明治時代までは板塀・下見板など木製品の防水・防腐を目的としてカキ渋が用いられていました。

現在でもカキ渋は、日本酒製造の清澄剤として、またファンデーションののりをよくするための強力な収斂作用を持つ素材としての優位性を保っています。そのほか渋紙のホルムアルデヒド吸着資材としての性能が検討され、建材への塗布によってシックハウス症候群の九割を抑制するという知見も認められています。

●樹木のタンニン

タンニンとは、十八世紀のヨーロッパで皮なめしに用いられる植物エキス中の有効成分につけられた名称です。古代エジプトでは獣の生皮をタンニンを含む植物エキスに浸すと、しなやかで水はじきの良い皮(なめし皮＝皮革)に変わることが知られていましたが、後にヨーロッパに伝えられました。語源は皮を「なめすこと(tanning)」です。植物エキスの原料としては、大量に入手可能な木の皮が用いられました。しかし近年では、樹皮タンニンの代替物質として安価な化学薬品が用いられたり、合成皮革製品が多量にでまわった結果、天然タンニンによる皮なめしは一部の高級品に限定されてきました。

樹皮は樹幹を覆って外敵から樹体を保護していますが、防腐・防水・抗菌作用のあるタンニンを

表1　縮合型タンニンの種類

種　類（型）	A-環		B-環	
プロシアニジン	F-核	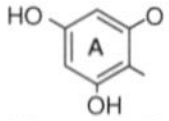	C-核	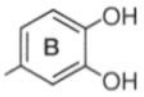
プロデルフィニジン	F-核	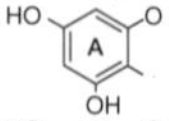	P-核	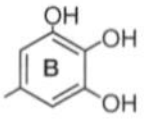
プロフィセチニジン	R-核	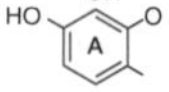	C-核	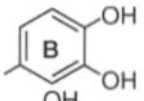
プロロビネチニジン	R-核	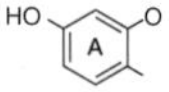	P-核	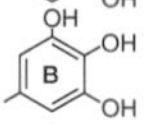

注）F-核：フロログルシノール核　R-核：レゾルシノール核
　　C-核：カテコール核　P-核：ピロガロール核

多く含んでいます。このタンニンの主成分は、カキタンニンと同じく縮合型タンニンですが、さらにフラバン-3-オール類のみを構成単位としている単純縮合型タンニンに分類されます。また構成フェノール核の水酸基の数と置換位置の違いによって四種類に分類され（表1）、構成単位や分子量の相違によって求核性、タンパク質の沈殿能（結合性）、キレート性などの諸特性は異なってきます。

樹木からのタンニンとしては、アカシア樹皮に三〇～五〇%程度含まれているワットルタンニンや、ケブラチョ心材に二〇%以上含まれているケブラチョタンニンが有名ですが、一般針葉樹の樹皮にも多く含まれています。フェノール核の核交換反応分析によって、ケブラチョタンニンは殆どプロフィセチニジン型タンニンであり、ワットルは二五%程度のプロフィセチニジン型と七五%のプロロビネチニジン型タンニンから構成されていること、また針葉樹の樹皮タンニンはA-環がレゾルシノール単位であり、B-環はカテコール型のプロシアニジン型のタンニンであること、などが明らかとなっています（阿部 一九九七）。

樹皮あるいは樹皮タンニンはその強い求核性から樹脂原料としての活用が期待されるますが、さらにその高い抗う蝕性や消臭作用も注目に値する特性です。商業的に樹皮成分の活用に成功している例としては、米国でヒット商品となったピクノジェノールをあげることができます。ピクノジェノールはフランス海岸松（*Pinus Pinasutaer*）の樹皮抽出物ですが、ビタミンCやEよりも強い抗酸化作用があるものとして米国では数百億円のマーケットを形成しています。日本でもこの商品を活性酸素消去パワーの強い成分として喧伝され、本成分を含んだ健康補助食品が販売されています。なおフランス海岸松の樹液は、古くはカナダ・ケベック地方の土着インディアン達によってお茶のようにして飲まれていたようです（阿部　一九九七）。

わが国では、森林の効用や重要性は十分認識されていますが、材価低迷のため森林の荒廃が危惧されています。森林は環境資源として重要でありエコロジカル資源でありますが、大切な資源を保持していくためには森林関係者が正当な対価が得られるようなエコノミカルな資源であることも重要な条件となります。農水省主導のプロジェクトでは九州におけるモリシマアカシアの効率的な伐出工程のシステム化について研究されており、またこの樹皮の含有タンニンは求核性の比較的緩和なプロフィセニジン型であってフェノール系樹脂の硬化促進剤として適当していることや、健康補助食品などとして活用できる可能性のあることも判明しています。樹木系タンニンの構造特性やピクノジェノールの成功例を参照しながら、森林管理・伐採搬出・加工・市場調査などの協調一体化によって、エコロジカルであると同時にエコノミカルな森林システムの創出が望まれます。（阿部）

第29話　木を溶かしてくまなく使う

●人類を救う木質バイオマス

人口六十五億を越えた人類を救えるのは、バイオマス資源しかありません。この資源は資源、エネルギー、環境などの問題を是正または解決できるでしょう。バイオマス資源の中心は樹木で、いずれ、これに人類の明日のかなりの部分を託すことになるでしょう。樹木は木質、木質バイオマスなどと呼んでいますが、これには二酸化炭素を固定する、酸素を生み出す、陸地を保全する、木材を供給するなど、本来の役目があります。加えて、樹木は先達研究者の努力の結果、化学工業の基幹化合物であるエタノール、エチレン、フルフラール、アクリロニトリルなどへ誘導できることが実証されているので、化石資源にとって代わることができます。

●樹木の利用実態

さて、スギを例に、樹木利用の実態を考えてみます。名古屋大学の只木良也はスギが一年間に増加するバイオマス(生物量)を部位ごとに割り振ると、幹に四〇～五〇%、枝に一〇～二〇%、根に一〇～一五%、葉には二〇～三〇%になると報告しています。一本のスギの樹の部位別生物量もこの割合になると考えてもよいのですが、少しこだわると、葉は三、四年の寿命で落葉するので、この部分を小さめに見積もり、他の部分をそれぞれ少し過大にみることになります。

このようなスギの樹利用の実際では幹材部分だけが対象で、他の部分は捨てています。幹が一本の樹に占める割合はほぼ約五〇%ですが、この幹も全部ではなく、中・下方部分だけが利用対象で、ここから柱や板が切り出されます。その歩留りは木どり方法で変わりますが、六〇～七十五%程度です。以上まとめると、一本のスギの樹の利用歩留りは多めに見積もっても三〇%程度です。製材端材から割り箸などが作られいますが、スギ地上部の七〇%余りは棄てられています。このような試算はヒノキやカラマツなどの針葉樹や、多くの広葉樹でも可能ですが、どの結果もスギの場合と似たものになるでしょう。

未利用の木質は他にも、建築端材、木造建物の廃材などがあり、これらも膨大ですが、ほとんど再利用されていません。木質資源利用の実情は「もったいない」の一言につきます。

●木質プラスチック化のメリット

木質は「不溶、不融である」と認識されていたので、利用歩留り向上に向け、板切れをつなぎ合わせて造る集成材、薄くスライスした板を張り合わせて造る合板、材片(チップ)を接着して造るパーティクルボード、繊維状の木質を接着成形して造るファイバーボード、木粉などと熱可塑性高分子を混練・複合化して造るモールドウッドの製造などと工夫しましたが、これらもすべて、板や柱を切り出して使うので、ここでもまた、大きなロスを生み出していました。したがって、木質利用の実情は残念ながら、木質完全利用からはほど遠いものでした。しかし、昨今、木質の理解が急速に進み、夢の木質完全利用法を語れるようになりました。以下では、幹だけでなく、枝、葉、樹皮をも含む木質全体を利用できる可能性を秘めた、木質のプラスチック化(熱流動化)と液化について語ります。なお、液化物ではこれから板や柱を射出成形するので、ロスはなくなります。

●木質に熱流動性がない理由

「木材には何故、熱流動性がないのか」について説明します。木材は一般に、四〇～五〇%のセルロース、一五～二五%のヘミセルロース、二〇～三〇%のリグニン、数%の微量成分で成り立っており、しかも、セルロースの約七〇%は結晶化しています。こうした木材に熱流動性をもたせるには、セルロース分子鎖間の水素結合を切ってやらなくてはなりませんが、これには膨大なエネルギーが必要です。仮に、エネルギーを確保して処理したとしても、セルロース結晶は溶融温度が高いので、熱流動化する前に熱分解してしまうと認識されていました。このことが木材の熱流動化を妨げている主原因でした。また、リグニンが分子内で橋架け度合いの大きい、三次元網状高分子構造をとっていること、多糖体がリグニンと結合していることなども熱流動化を妨げていると考えられていました。

●木質の熱流動化法

セルロースの結晶、リグニンの構造、リグニンと多糖体の結合などの問題を克服して木粉（木質）を熱流動化する方法がいろいろと検討され、木質を熱流動化するには主要三構成成分の水酸基を化学修飾、すなわち、誘導体化して分子鎖間の結合程度を下げてやればよいことが分かりました。一九七九年、京都大学の白石信夫は、かさばったラウロイル（$CH_3(CH_2)_{11}$—）基を木粉構成成分のいろいろな水酸基に導入してやると、熱流動化できることを初めて実証しました。この試みこそが木材熱流動化研究の実質的な始まりであったと著者はみています。永い間、不可能とされてきた木材溶解の扉がついに開きました。この後、高級脂肪酸類によるエステル化やベンジル化などの化学処理も試され、程度に差はありましたが、いずれの場合も熱流動化することが分かりました。

●木質の熱流動化向上策

木粉の熱流動化を促進する方法が引き続いて検討されました。その結果、熱流動化の向上は化学処理木粉に可塑剤や相溶化剤を添加することで目的は達成できました。しかし、可塑剤添加の場合は、化学修飾木粉にこれを添加する効果がまだ説明されていないので、目的にそった可塑剤を適切に選べない状況のままにおかれています。

一方、相溶化剤の添加では、少量の添加で顕著な効果のあることが分かったので、目的にそう相溶化剤について詳細に調べられました。その結果、よい相溶化剤とは、異なった高分子相間に介在して相相互の混合状態を均一にするとともに、各相間の凝集、接着作用を高める化合物で、複合化された高分子化合物全体の凝集状態を向上させ、強度などの物性を高める化合物のことでした。よく例示されるのはベンジル化木粉とポリスチレンの等量混合物に、五％相当量のスチレン－無水マレイン酸共重合体を添加した相溶化剤です。このような相溶化剤によってベンジル化木材やポリスチレンは各々だけの場合よりも強いフィルムを熱圧成形できます。なお、この新成形加工法が注目されるのは有害であると認識されている接着剤を使わない点で、熱流動化が期待されている最大の長所です。

●木質の液化

前記挑戦とは別に、化学修飾処理を行うことなく、木質自身を液化する研究も始まりました。当初、めざす液化物は高濃度、高粘度で、使い勝手もよくないので、使途はごく限られたものになると考察されていました。そこで、より扱い易くするため、木質液化物を薄める稀釈剤捜しが平行して行われました。そして、アセトン、ジオキサン、テトラヒドロフランなどの中庸の極性溶媒と、メタノール、エチレングリコール、水などの強い極性溶媒を一種類ずつ混合する溶媒系が目的を叶えることが判明しました。これによって木質液化物はより扱い易いものとなりました。

●木質の液化処理

木質の液化処理は単純な溶解処理ではなく、化学変化を伴う処理ですので、液化処理は反応処理条件で分けて理解が計られています。その一つは木質と液化溶媒を耐圧容器に入れ、触媒を加えることなく、二〇〇〜二五〇℃の高温、高圧の下で一定時間処理する方法で、これによって木質は液化します。この方法は無触媒法と呼んでいます。今一つは木質と液化溶媒に少量の酸を触媒として加え、一〇〇〜一五〇℃で一定時間処理する方法で、酸触媒法と呼んでいます。なお、この触媒には硫酸、塩酸、リン酸などが使われます。得られる液化物の性状は両法とも、ほぼ同じですが、使用する液化溶媒による微妙な差があるとされています。なお、液化物は工場内や工場間での輸送や貯蔵などで使い勝手のよい形態です。このことは木質利用上、忘れてはならない長所になります。

●木質液化物の特色、効用、使途など

木質液化物は固体材料に戻すことが可能です。特にアルコール類で液化した液化物はこの目的により適しています。これら液化物を使って発泡体が試作され、試作品の物性が調べられています。また、液化物自身やその製品は木質成分の比率が高いので、容易に生分解されることも調べられています。また、これら製品は調製方法によって程度が変わりますが、光分解性(光崩壊性)をもっています。これも木質液化物の長所です。ここで改めて述べなくてもよいことですが、木質液化物は

木質バイオマスを完全利用できるだけでなく、都市の木質系廃棄物の減量を可能にしたり、都市を始め、森林や河川の環境の改善を可能にします。

木質液化物の有望な使途には上記の発泡体に加え、炭素繊維の製造が考えられています。この可能性についてもすでに考究されており、木質液化物由来の炭素繊維の品質は石油由来のものに比べますと、やや劣り、中級品であると評価されています。そこで、大きな需要が期待できる建築・建設分野での利用が想定されています。

木質液化物の研究とその液化物の使途開発の現状は実験室、そしてテストプラントの段階にあるとするのが正直なところです。しかし、人類の生活を支えている化石資源には現在、採掘可能油井の減少、潜在蓄積量の減少、新規油井開発スピードの鈍化、中国、インド、ブラジルなどの経済成長に伴う需要急増、取引価格高騰等々、新しい状況が出現しています。したがって、木質液化物の利活用は著者などが予想する以上に早く、現実のものとなって急展開するかもしれません。（大橋）

おもしろ木のあれこれ

日本の最重要広葉樹材——ケヤキ

日本の代表的な落葉広葉樹で最高の用材といえば「ケヤキ」でしょう。

ニレ科ケヤキ属で日本各地に分布しますが、特に関東地方に多いようです。街路樹にもよく使われ、「ケヤキ並木」があちこちで見られます。春の新緑、夏の木陰をつくる青葉そして秋の紅葉と美しい葉っぱも魅力的です。幼樹は実に弱々しく、まるで湿った線香のようにぐにゃぐにゃしていますが、ある程度大きくなるととてもしっかりとして、枝をいっぱいに広げて高さ30メートルぐらいの大木にまで生長します。

材は堅く気乾比重は0.47〜0.69で比較的重い木です。辺材と心材の区別は明確で心材は黄褐色ですが、辺材は淡黄色です。心材が特に用材としての価値が高く、昔から重用されてきました。そのため、心材の材価は非常に高価なのに対して辺材の価格は誠に低く、なんとか辺材を心材の色にすることによって材価を上げたいというので、「ケヤキ心材色」なる着色剤が販売されるようになりました。そこで、この着色剤で辺材を心材色に染めたものと本物の心材の色を比較してみました。その結果、色差計で測ってみますと確かにその数値は本物とほぼ同じになりましたが、人間の眼で見比べると本物とは少し違うように見えるのです。そしてさらに、半年ぐらい経ってから、あるいは強制的に光を照射したりしてから比較してみると、今度は人間の見た目にはもちろん、数値的にも明らかに差が出てきました。これは、本物の心材が時が経つにつれて、ケヤキ独特のツヤが出てきて心材色を一層引き立てるためです。ところが、心材色に着色したものは全くツヤが出ないで、むしろ着色直後より時が経つとかえってくすんだ色になっていくことがわかりました。ケヤキ心材は使っていって時が経つと一層その存在価値を高めていくことになります。

古民家などに時々みられるケヤキ心材の大黒柱などは本当に、心材色でツヤのある美しさで、いかにも大黒柱という威厳を示しているように思えます。

ケヤキはまた木目模様が美しい材です。環孔材であり年輪がはっきりしているために、その年輪模様が材表面に現れていろいろな美しい表情をみせてくれます。古い社寺の建物には多くのケヤキ材が使われていますが、その材表面に美しい木目模様が浮き立つように見えています。環孔材は早材の道管が太く、晩材の道管はかなり細いので、はっきりとした年輪になってみえます。ところが、寒いところで育った材はほとんどが大きい径の道管で小径の道管のできる期間が少ないため、孔だらけの軽い「ふかふか」の材になってしまうようです。反対に非常に生長のよいところに育った場合には小径の道管が多くなりすぎて、とても重くて堅すぎる材になってしまうそうです。 (作野)

第30話　紙のあれこれ

紙は人類文明を支える素材であり、文字などを記録する筆写材料、ものを包む包装材料、汚れなどを拭う清掃材料としてわれわれの生活に密着した材料です。あまりにも生活に密着しているため、空気や水のようにその大切さを気にすることがないこともありますが、一九七三年の第一次オイルショックの時期にはトイレットペーパーの深刻な品不足で大いに戸惑い、紙の大切さを痛感したものでした。最近では「未来を創造する機能紙」あるいは「ハイテクによみがえる伝統の技」のテーマのもと、新しい紙製品の開発を目指した検討も盛んですが、ここで〝紙のルーツ〟と紙の大きな特質である〝紙の軽さ〟とをとりあげ、エコロジカルな素材である紙に想いをはせてみましょう。

●紙のはじまり（紙祖はだれ？）

紀元前三千年頃、メソトピアのシュメール人は粘土板に楔形文字を書き記していましたし、エジプトではペーパーの語源として有名なパピルスを専売していました。紀元前千三百年頃の中国では、竹簡や木簡を筆写材料としていましたが、竹簡は幅広のものは作れないため細長の竹片などに字は縦に書いていました。漢字文化圏が縦書きであることの理由のようです。その後、紀元前五百～四百年には中国で絹布（縑帛）が使われ始め、紀元前二百年頃には小アジアの古代都市ペルガモンで羊皮紙が重宝されていました。しかし、竹簡・木簡は重くて取扱い難く、絹布や羊皮紙は高価であるため、取り扱いやすく安価な筆写材料の出現が望まれていました。

紙の始祖として有名な蔡林（T'Sai Lun）については、中国の正史である後漢書の宦者伝†（蔡林伝）に記述されています。蔡林は帝の近くにいて中常侍†に任じられた人物で、後に尚方令として用度品主管の長官をしていたときに紙を作ったと記されています。樹膚（樹皮）・麻頭（麻の切れはじ）・弊布（ぼろ布）や麻製の魚網を用いて紙をつくり、百五年（元寇元年）に時の皇帝である和帝†に献上したのが認められ「蔡候紙」といわれて重宝されました。蔡林は長らく後宮†で活躍した功によって長楽太僕†に任官していますが、不幸な最後を遂げ子孫もいないとのことです。この史実から蔡林は紙の発明者となっていましたが、後に前漢時代の遺跡から麻製の紙が発見されています。その一つは紀元前百七十九～百四十二年の地図が中国の甘粛省天水市で見いだされており、また陝西省西安市郊外の灞橋で出土した「灞橋紙」は紀元前百四十～八十七年頃のものと推定されています。その他、出土した地名にちなんだ金関紙、敦煌紙などは紀元前五十年頃のものですが、蔡候紙以前の紙は生産量も少なく品質もよくありませんでした。これらから、蔡林は紙の発明者（紙祖）とはいえませんが、製紙技術の改良と紙の普及に貢献した人物であることといわれています。

蔡林が開発した便利な筆写用繊維シートの製造技法によって、七百五十七年に中央アジアのサマルカンドで初の製紙工場ができ、さらにユーラシア大陸を横断した東西文化の交流路（シルク・ロード）を経由してペルシャ、エジプトからヨーロッパ・北欧に伝承されています。当時の紙原料であるボロ布の供給量不足に対処するために原料探しが行われていましたが、フランス人のレオミュールが森の中のハチの巣が木繊維からできていることを見いだし、さらにドイツ人のシェッフェルがハチの巣から取り出した木のパルプから紙を作ったことから、木材を原料とした製紙用のパルプが発明されました。木材をパルプの原料とすることと、抄紙機の開発は、紙に関する二大発明といわれ今日の紙文化隆盛の基となりました。

紙の伝承と和紙

木材パルプを主原料とした紙、いわゆる洋紙は一八七二年（明治五年）にイギリスから日本に上陸しています。一方、和紙の源流となった製紙技術は六百十年に高句麗王の高僧・曇徴によって伝えられたとされています。わが国最古の正史である日本書紀†の巻第二十二に、僧曇徴は儒教や仏教に通じているばかりでなく、絵の具や墨、紙の製法についても造詣が深く、水車を利用した石臼も造ったと記されているため、日本における紙祖といわれています。しかし日本はこの時期以前から中国文明の影響を強く受けていたので、実際の紙製造技術の導入はそれ以前であろうとされており、この点は蔡林に対する評価に類似しています。朝鮮の古代国家である高句麗への紙の伝承は、前漢の武帝が紀元前百八年に朝鮮を植民地とした際に行政文書として中国からもたらされました。その後、三百十三年後に高句麗の攻撃をうけて中国の植民地支配が終わっていますが、七百五十一年の出土品からは白色度の高いコウゾ紙が発見されています。植民地支配が終わった四世紀の初めから三百年余にわたって大勢の氏族が日本に渡来していますので、これら帰化人が曇徴の渡来以前に日本で紙を作っていたものと考えられます。

推古天皇の時代に朝鮮半島を経て日本に伝承された製紙技術は、いろいろな工夫がなされて今日見られる和紙が誕生しました。平安時代(西暦七九四年〜)には、コウゾ(楮)やガンピの靭皮繊維を原料とし、†トロロアオイの根の汁(粘液)がネリ(粘材)として用いられて†流し抄きが工夫され、長繊維を使った和紙の製造技術が確立されました。〇・一%という低濃度紙料(洋紙の場合は〇・三〜一・二%)とネリを用い、流し抄き技法によって美しく低比重でも強くて保存性の良い紙が誕生したのです。ネリとしてはトロロアオイの他に、†ノリウツギや†ヒガンバナなども用いられましたが、界面活性能の強いネリの添加によって繊維の凝集を防いでいます。その本体はラムノースとガラクツロン酸からなるポリウロニドを主鎖として、デンプンなどが結合しています。なお化学粘剤としてはポリエチレンオキサイドやポリアクリルアミドが一般的です。

わが国の紙は洋紙・和紙・板紙に大別することもできますが、和紙は洋紙と異なって靭皮繊維の性質が産地によって異なるために繊維が不均質であり、流し抄きの手法によっても品質が異なってきます。そのため産地によって個性のある製品が生まれ、大量生産には不向きですが日本の美として現在まで伝承され、さらにビニロン紙のような比重の大きな合成繊維から、特徴のある紙製品の開発を可能にしました。和紙は美しく多様な個性をもっており、しかもフェノール系合成樹脂のよ

表1　いろいろな紙の性質

紙の種類	新聞紙		上質紙	晒クラフト紙	ティッシュペーパー	パピルス
	軽量(L紙)	超軽量(SL紙)				
坪量(g/m^2)	46.0	43	65.6	73.8		121.1
厚さ(mm)	0.075		0.080	0.097	0.015	0.211
密度(g/cm^3)	0.64		0.82	0.76		

うに、「古くて新しい技法」として新しい紙製品を生みだしているのです。

●紙の性質について

コンピューターの発展によってペーパーレス時代の到来を予測された時期もありましたが、プリンターと紙を使って印刷したり、印刷し直すことも多いため、紙の消費量を減少させることにはなりませんでした。二〇〇二年の世界の紙・板紙需要量の実績は三億三千万トン強ですが、二〇一〇年における総需要量は四億トンの大台に達するものと見込まれています。現在わが国の紙・板紙生産量はアメリカ合衆国、カナダ、中国・台湾に次いで世界第四位ですが、二〇一〇年になると特にアジア経済圏の不足量が紙・板紙とも最も多く、アメリカ経済圏の不足量は少ないものと予測されています。植物繊維を原料とした紙は美しく軽くて使いやすく、しかも比較的安価であることなどが消費量が減らない理由ですが、エネルギー・資源・環境問題にかかわっている紙の消費量の削減に心する必要があります。

紙の質を知るためにいろいろな単位が用いられますが、「軽い」という特性を示す単位としては坪量(米坪：g／㎡)、連量(kg／連：連＝規定寸法の紙一〇〇〇枚)、密度(g／㎤)、厚さがあげられます。わが国では塗工印刷用紙に次いで生産量の多い新聞用紙の坪量の変遷をみてみましょう。

紙は環境湿度によって含有水分が変化しますので、坪量などは温度二三±二℃、関係湿度六五±二％で測定されますが、一九七五年までは五二g／㎤でした。その後、紙の製造技術と印刷技術の進歩によって、五二→四九→四六→四三と軽くなってきました。いまは四〇の超々軽量紙（XL紙）が徐々に増大しているようです。坪量を小さくすることは、省資源や輸送コストを低減し、環境負荷を小さくすることに役立ちます。なお、本誌の坪量は八四・三、厚さ〇・〇九㎜です。

歴史的な筆写材料であるパピルスの性質も併記しましたが、厚さはばらつきが大きく〇・一七五～〇・二八〇㎜でした。一方、繊維長三・五～一・五㎜の木材繊維と異なって、一五㎜の長繊維原料と特殊技法で作った和紙には、かげろうの羽といわれるように透けてみえるように薄く、しかも丈夫でしなやかな紙「典具帖紙（てんぐじょうし）」が土佐で生産され工芸品に利用されています。事務機器の進展によって需要は激減しましたが、その技術は比重が高く水に沈みやすいビニロンなどの合成繊維からビニロン紙を作り出しており、また徳島市の製紙会社では、厚さ〇・一㎜のポリエステル紙が開発され、半導体洗浄にも使われる超純水製造用の逆浸透膜として活用されています。

紙一枚に保持できる情報量が少なく、情報の検索が困難であるなどの欠点もありますが、紙印刷物は見やすく、使いやすく、いろいろな情報の分類が容易であり、多くの情報を一度にみられる一覧性などの特質をもち、さらに多様な機能紙の開発と相俟って紙の重要性は今後とも増加していくことでしょう。なお、紙はアルミ缶と同様に資源リサイクルの優等生といわれています。（阿部）

第31話　新エネルギーに仲間入りした木質バイオマス

近年、再生可能な自然エネルギーが、次世代型の新エネルギーといわれてきています。一方、二十世紀末迄は最も頼りになる熱源であった木質バイオマスは過去のものとみなされ、新エネルギーの仲間に入れてもらえませんでした。しかし最近では二十一世紀最大の問題である「地球温暖化」と「化石資源の枯渇」に対処するために再評価されてきました。なお新エネルギーとは日本独特の分類であって、一九九七年に施行された「新エネルギー利用等の促進に関する特別措置法」では「再生可能エネルギーのうち普及のために支援が必要なもの」と定められています。

太陽、風力、小水力、バイオマスエネルギーなどの自然エネルギーのうち、太陽以外は地域特性に依存するエネルギーです。政府の諮問機関である総合資源エネルギー調査会では、今後の技術革新と大幅なコスト削減が期待され、また地域格差の小さな太陽光発電の普及を優先する考えを鮮明にしています。しかしエネルギー源の多様化・複合化を念頭に置く必要のあることから、太陽光発電以外の自然エネルギーも地域密着型のソフトエネルギー源として位置づけ活用すべきなことは当然でしょう。なお新エネルギーについては、一九九〇年からＯＥＣＤ・ドイツ・米国・デンマーク・日本・スエーデンなどの供給量が世界統計資料に記載されるようになりました。

●取扱いの容易なペレット――古くて新しい木質バイオマスエネルギー

木質バイオマスのエネルギー化の方法としては、①薪として用いる従来法や、②熱分解ガス化などの近代的な変換手法のほかに、③ペレット化などがあります。①は昔からの方法ですが、先進地域での家庭や大学のクラブハウス内で暖炉を良く見かけます。ほのぼのとした温もりと燃える匂いを好む人が多いのでしょう。日本でも「薪暖房」愛好者が増えていますが、燃材として適当なカシ・クヌギ・ナラなどの堅木の調達や薪にすることが大変です。②熱分解ガス化の例としては、平成十五年度に農林水産省が設置したバイオマスエネルギー化実験プラント（長崎総合科学大学院担当）をあげることができます。ここでは木材や草本類を数秒以内で熱分解して水素含量の大きな高カロリーガスに変換する方法ですが、都市ガス用エンジン発電機をそのまま駆動できるとのことです。③ペレット化は、未利用の除間伐材・林地残材・工場廃材など雑多な樹種・形状の材料を粉砕して、均質なペレット（直径約七㎜、長さ約二㎝）に造粒したものです。直接燃焼する用法は従来型と同じですが、自動供給も可能な取扱い容易な燃材に改良したものです。

●ペレット原料としての木質バイオマス

木質ペレットは第一次オイルショックの頃に国内の数工場で生産されましたが、製品販路の不確定さと原料特性についての認識不足から廃業した例もありました。しかし近年、エネルギー自給率の向上や林業分野の体質強化などの諸目的、ならびにペレット化技術の進展とペレット用ストーブやボイラーの改善、などの周辺環境が変化してきたため再評価されています。

ここで、木質バイオマスのペレット化原料としての特性を概観してみましょう。

粉砕性

ペレットを製造する前段階として、雑多な原料を粉砕する必要がありますが、その粉砕性（粉砕効率・粉砕物の形状など）は樹種・組織（樹皮・木質部）・含水率や破砕機の種類によって異なってきます。粉砕機としては、衝撃型と切削型とがありますが、実験室用のウイレーミルやボールミルでも、樹種特性を把握することができます。

針・広葉樹樹皮と低質広葉樹枝条材のスイングナイフ型ハンマーミルとロータリーカッター型ミルによる連続試験によりますと、両機種による粉砕速度や所要動力の違いは明確でありませんでしたが、衝撃型の前者は切削型の後者より微細化しやすく、また粉体の寸法変動が大きくなる傾向にありました。なお造林樹種であるカラマツ、スギ、ヒノキの樹皮の粉砕性は、カラマツが最も優れておりスギがこれに次いでいました。またラワン単板のスイングナイフ・ハンマーミルによる破砕性には、単板の厚さ、含水率、破砕機の回転速度が大きく影響し、スクリーンの目開きをある程度大きくして回転速度を上げると、少ない動力で粗大片と微細粉末の少ない産物がえられています。

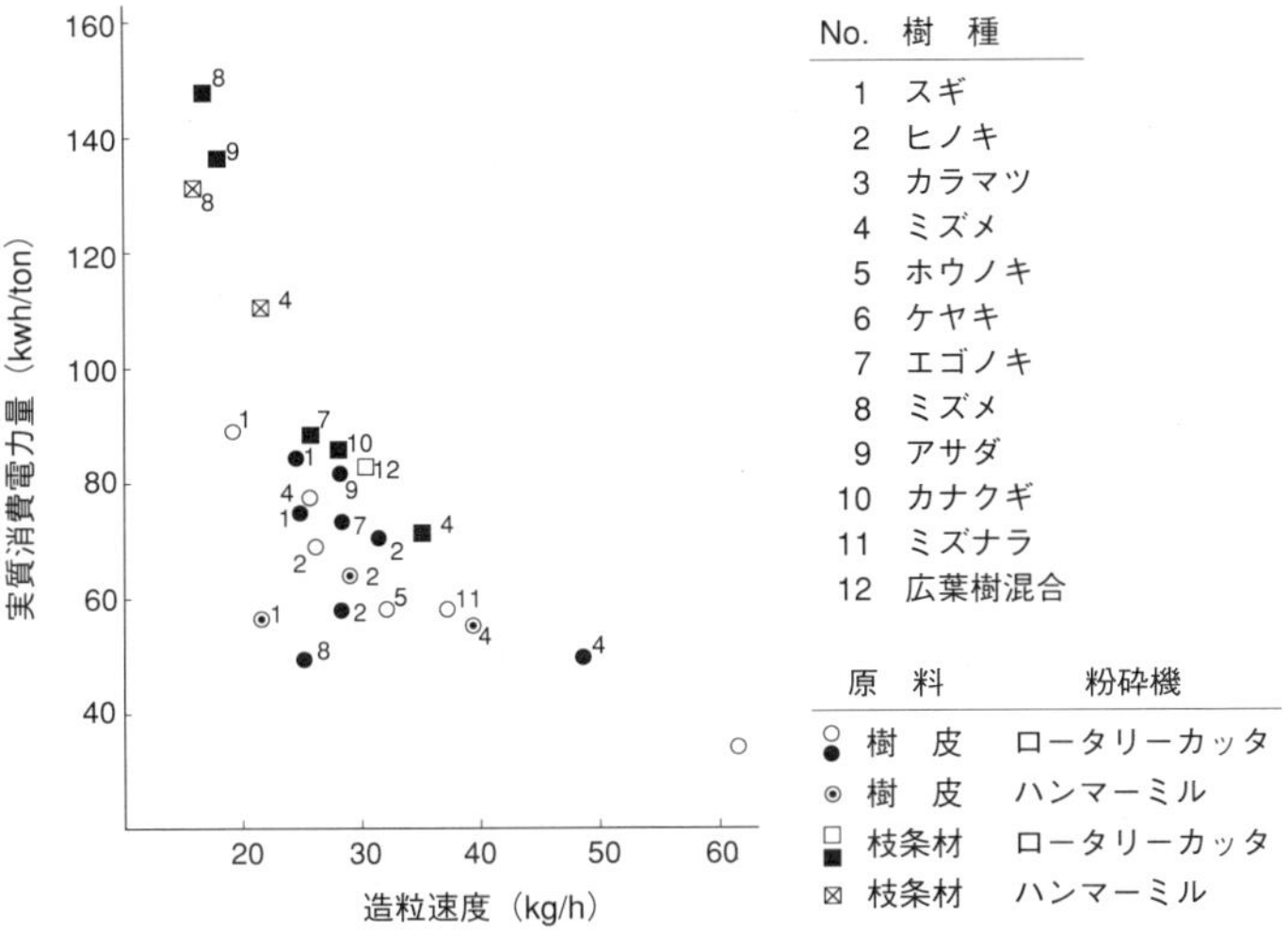

図１　木質バイオマスの連続造粒性（Abe, I., *et al.* 1987）

造粒性と発熱量

木質バイオマスの造粒性は原料組織の熱可塑性と凝集力に依存し、またある成分の熱可塑性は重合度、架橋密度、結晶性などに依存します。非結晶性のヘミセルロースや変性度の小さなリグニンは組織内にあっても加熱・加圧によって軟化・熔融し、また繊維飽和点以下では水が可塑剤として作用します。原料の熱可塑性と凝集性は二〇〇℃で調製した成型板の内部結合力から判定しましたが、一般に樹皮は木質部より成型性にすぐれ、特にカラマツやエゴノキの樹皮粉からは結合力の強い成型板がえられました。スギ樹皮は供試材のなかで最も内部結合力が劣っており、カラマツ樹皮の二十分の一〜二十五分の一程度の数値を示すにすぎませんでした。

連続式装置であるローラディスク型ペレタイザーでの結果もスギ樹皮は問題があり、カラマツ樹皮は造粒しやすいことなど、前記の成型板による予測と同じ挙動を示しました（図１）。造粒性の良否は、生産性や製品コストに直接関連してきます。原料バイオマスの特性を十分把握しておくことが大切ですし、造粒性に問題のある原料は、可塑性に優れたバイオマスや塩素などの含まれてない廃プラスチックの併用で改善することも必要でしょう。

なお前記の試験で調製したペレットの発熱量は三七〇〇～五一〇〇kcal／kgであり、灰分量（三～一三%）と発熱量との間には負の直線関係がありました。市販品の平均灰分含有量は四%、発熱量は四七〇〇kcal／kg程度です。石油・石炭の総発熱量（高発熱量）、即ち燃焼時に生成する潜熱を包含した熱量は九〇〇〇～一一〇〇〇kcal／kgおよび四〇〇〇～八〇〇〇kcal／kgとなっています。有機化合物の総発熱量（Hh）に対しては次の概算式が示されており、発熱量にマイナスに作用する酸素を含んだバイオマスの発熱量は化石資源の50%程度であり、やさしい熱を放射します。

$$Hh\ (kcal/kg) = 8080C + 34200\ (H - O/8) + 2500S$$

C, H, O, S：物質1kg当りの炭素、水素、酸素および硫黄の量（kg）

●木質バイオマスエネルギーのこれから

木質バイオマスのエネルギー化は資源[†]のカスケード利用の最終手段となりますが、環境保全型の燃材です。地球保全や化石資源の枯渇に対処するためには自然エネルギーの活用は不可欠ですが、木質バイオマスエネルギーが市民権を確立するためには、次のような「入り口」、「出口」、「地域特性」について留意する必要があります。

①入り口（原料入手から製品の製造まで）

原料バイオマスの種類・コスト面を勘案した供給可能量・バイオマスの種類と特性。

②出　口（製品の受け皿・販路）

用途（大規模燃焼である産業用ボイラー用・小規模の家庭用）・運送コスト・受注量。

③地域エネルギーの特性活用

バイオマスのみならず、風力・太陽・小水力などの各種ソフトエネルギーの活用。

原料の集荷費の面からみた原料生産地域からの適正距離は、概ね半径五〇km以内であること、また本格的なバイオコジェネレーション・プラントを設立するためには、森林面積一〇～二〇万haに一箇所であろうとする意見もあります。岩手県葛巻町ではペレットボイラー・太陽光発電・小水力発電・畜糞バイオガスシステム・風力発電などいろいろなエネルギー源を活用した地域おこしを実証しています。ペレット原料の乾燥に太陽熱を利用し、粉砕機・ペレット造粒機などは小水力発電による動力を使う、などコジェネレーション・システムの確立が大切でしょう。

バイオマス先進国といわれているスエーデンは、総エネルギーの二〇%をバイオマスでまかなっており、原料供給源である木材産業も元気であるといわれています。ペレット化は、単に環境にやさしい燃材を作り出すばかりでなく、地球を護るために重要な森林の保全・活性化に役立つのです。

（阿部）

第32話　木質バイオマスとバイオ燃料

二〇〇四(平成十六)年以降、バイオ燃料についての話題が新聞紙上をにぎわしています。石油資源の枯渇と資源ナショナリズム化に対処するため、バイオマスを原料としたエタノールをガソリンに混入したバイオエタノール(ＢＥ)や、脂肪酸メチルエステルなどに化学変性した植物油・廃食油を軽油に混入したバイオディーゼル燃料(ＢＤＦ)によって燃料の自給率向上を図ろうとするものです。サトウキビなどから得られたエタノールをガソリンに一定量混ぜたＥ３(エタノール三容量%)、Ｅ10(同一〇%)、Ｅ85(同八五%)と呼ばれるＢＥ燃料及びＢＤＦは、環境保全に寄与する石油代替燃料として喧伝されています。古くからＢＥの導入を推進してきたブラジルではＥ22燃料の使用が義務化されており、さらにエタノールを任意に混入された燃料に対処可能なフレックス燃料自動車が急増しています。アメリカ中西部でも早くからＥ10が使われており、ＥＵ(欧州連合)ではスウェーデンやフランスなどが先頭に立って普及に努力しています。

わが国では、木材、資源作物や畜産・食品からの有機廃棄物をエネルギーやプラスチックに変換利用することによって、温室効果ガスの排出削減と農林業の活性化をめざした長期戦略を二〇〇二

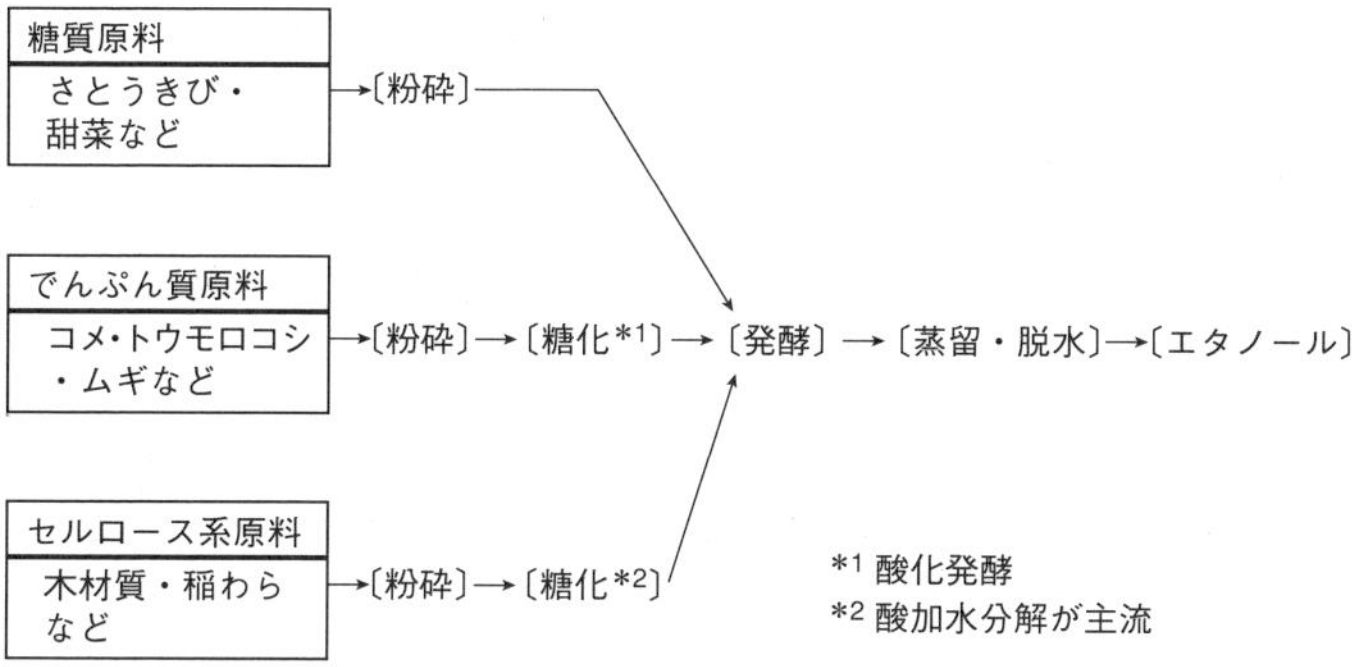

図1　バイオエタノールの製造

年に閣議決定しています。その後、京都議定書（二〇〇五年）の発効にともなって見直され、二〇〇六年には「バイオマス・日本総合戦略」が閣議決定されました。この戦略では、稲わらや間伐材などの未利用・低利用資源を活用してBEの大幅な生産拡大を図ることを打ち出しており、平成十九年現在、全国六カ所で原料作物やBEの生産、E3燃料の走行実証試験などが実施されています。

●バイオエタノールの原料と問題点

バイオエタノールの原料は、図に示したように3種類に分けられます。安価なBEを効率よく生産するためには、α-グルコシド結合で高分子化している非結晶性の単純多糖類の含有量が多く、複合多糖類であるヘミセルロースや非糖成分であるグニン含量の少ない原料が望まれます。したがってBE生産用としては食用原料が好まれ、ブラジル・インド・中国・タイなどはサトウキビを、米国ではトウモロコシ、スウェーデン・フランスは余剰小麦などを主原料としていますが、食用原料と競合することになります。米国ではBE特需によって大豆畑からトウモロコシ畑への転作が増え、ブラジルではBE主原料となるサトウキビの作付けが増大する一方オレンジ畑が減少していると報道されています。安価なエタノールを増産するために、工程が複雑でコストもかかる木質バイオマスや草本類を原料とせずに食用穀物が使われているためです。その結果、飼料や食用油などの原料不足をまねき、マヨネーズ、牛肉、ビール価格にも影響してきており、またトウモロコシなどの安価な輸入飼料で成り立っている日本の畜産業に大打撃を与えています。さらに米国では、エタノール製造時の副産物であってエタノールとほぼ等量も排出されるトウモロコシ蒸留滓がタンパク質や脂質含有量の高い良質の飼料として販路拡大に力を入れており、これが日本の飼料自給率向上の妨げに繋がるとも懸念されています。FAOでは、食糧・飼料との競合問題と共に、温暖化ガスの排出削減効果が疑問視される場合もあるため、画一的なBE生産増大策に警鐘をならしています。

人間生活に直結する食糧品などとの競合を防ぐためには、製造工程が煩雑であっても、草本類や利用率の低い間伐材や木材工業からの廃材などの木質系バイオマスを主原料とした低コストBEの生産が必要となります。最近の情報によると、米国エネルギー省傘下の企業では木質バイオマスを希硫酸分解してヘミセルロースからC_5の糖を生成回収し、さらに希硫酸による二次分解でセルロースなどからC_6の糖にまで分解しています。C_6糖は従来の技術によってエタノールに変換しますが、C_5の糖もザイモモナス菌を大腸菌に組み込んだ遺伝子組み替え菌によってエタノールを生産する方法が開発されています。その他クラフトパルプ化を前処理法として得られたパルプからエタノールを生産するプロジェクトも実施されています。なお残渣リグニンはボイラー用燃料にしていることが多く、リグニンの有効活用法の開発は古くて新しい命題となっています。

●わが国の木材加水分解に関する検討

木質バイオマスから糖類などを取得する方法としては、化学的または微生物的分解法があげられます。前者については、木材の化学的利用のための壮大な実証研究が北海道で実施されました。一九五九(昭和三十四)年に甘味料の自給と道産広葉樹小径材の有効活用を目的として「北海道木材化学会社」が設立され、濃硫酸法による加水分解工業を立ち上げようとする計画でした。本法では、低質広葉樹チップを水蒸気蒸煮してヘミセルロースをフルフラールとメタノールに変換分取し、ついで残渣を八〇%の濃硫酸で主分解して結晶ブドウ糖を生産しようとする計画でした。本法で一番の問題となった脱酸は新たに開発されたイオン交換膜の使用によって解決するなど、基礎・応用研究は誤りなく進められましたが、工業化する際に必要な装置工学技術(プロセスエンジニアリング)の水準と安価なトウモロコシの輸入による採算性の問題から一九六四年三月に閉鎖されました。本プロジェクトに関する貴重な資料は保存されていますので(北海道法を考える会編 一九九七)、独立国の必須条件である資源の自給率を高めようとした理念共々将来的に活用されることを夢見ています。また濃塩酸法(野口研法)についても工業化試験(乾燥原料一日一トン処理規模)が実施されていました。

その後、林野庁では一九八六年に「木材成分総合利用技術開発促進事業」を開始し、蒸煮・爆砕法や微粉砕糖化法による分別抽出技術や、多糖類の酵素分解について討議されています。

近年でも常温・常圧反応で収量も高い酵素糖化についての検討も鋭意続行されており、その一つにオンサイト法による糖化も提案されています。この方法は高価な分解酵素（セルラーゼ）を用いることなく、またセルロース・ヘミセルロースの分離糖化の煩雑性を除去することを目的として、微粉砕法や水熱法によって前処理した木粉を充填した一つの反応槽に糸状菌培養液を添加して酵素的に糖化し、ついで組換酵母を添加してC_6・C_5糖の同時糖化発酵によってエタノールを生産しようとするものです。また㈶地球環境産業技術研究機構ではＲＩＴＥバイオプロセスによるソフトバイオマスついて検討していますが、本プロセスでは遺伝子レベルで機能改善した微生物細胞（ＲＩＴＥ菌；*Corynebacterium glutamicum* R.）の分裂増殖を停止させ、化学プロセスにおける触媒のように利用するものです。これによって反応槽に高密度の細胞触媒を充填し、原料バイオマスを連続的に供給し高速度で反応させるため、生産性にすぐれたプロセスのようです。

その他、超臨界流体による木材成分分離法も提案されています（第23話参照）。

●わが国のバイオマス燃料普及への課題

ＢＥを普及するためには①安全性、②経済性、③供給安定性、④食糧との競合問題や⑤環境への影響、などの諸課題をクリアしなければなりません。またＢＥ生産についての検討には、専門のプロセスエンジニアも参画しているようですので、北海道木材化学㈱での失敗を繰り返すことはないと思いますが、基礎・応用研究にとどまることとのないよう心がけるべきでしょう。

なお、二〇〇七(平成十九)年六〜七月の新聞紙上には次のような気になる記事がみられます。

①バイオ燃料 縦割りの弊(朝日新聞六月二十九日朝刊)

②バイオ燃料お寒い炎(朝日新聞七月二十八日朝刊)

①は沖縄県でサトウキビを原料として、砂糖とエタノールを同時生産する実証試験の現場レポートです。しかし、糖分抽出・エタノール製造・エタノール／ガソリン混合などに使用される設備が農水・経済産業・環境の三省にまたがった予算によるため現場での「司令塔」不在の印象があること、また「二〇三〇年ごろには年六〇〇〇万キロリットルの国産バイオ燃料の生産が可能」といっていますが、全国の実験で得られるバイオエタノールはわずか約三〇キロリットルにすぎない現状であることから、過大な目標でないか、との疑問が持たれています。

バイオ燃料は化石燃料に代わる有望な燃料の一つであることは間違いのないことでしょうが、食糧との競合問題から、未利用・低利用の木質バイオマスや、少なくてもソフトバイオマスを原料とすべきでしょう。わが国には、木質バイオマスの酸・酵素分解についての豊富な研究資料がありまず。「バイオ燃料先進国」を目指すためにも、豊富な既存資料を活用した「腰を据えた長期的・計画的な技術開発」の推進が望まれます。

(阿部)

第33話　木のハイブリッド化

●ハイブリッドとは

最近「ハイブリッド：hybrid」という言葉がよく聞かれますが、それは自動車でガソリンエンジンと電気との併用で動くようになっている、いわゆる「ハイブリッド車」に代表される言葉のように思っていました。最近、ガソリン高騰と経済不況の折からハイブリッド車の人気が高く、生産が需要に追いつかないようです。この「ハイブリッド」という言葉が今や自動車に限らず種々の方面で使われるようになってきて、木材関係でも「ハイブリッド材」とか「ハイブリッド化製品」などというものが出てきています。

ハイブリッドとは各分野の産業技術などの発展段階として、別個のものがそれぞれ技術的な完成の域に達し、その後個別の物を組み合わせるというものです。日本では一九六〇～七〇年代に「ハイブリッド計算機（ハイブリッドコンピューター）」なるものが商品化されて、初めてハイブリッドという言葉が使われたようです。また、同じ一九七〇年代にコンピューター分野とは別に混成集積回路を「ハイブリッド集積回路」と呼ぶようになったようです。その他、現在では「ハイブリッドディスクドライブ：HDD」など多くの分野で「ハイブリッド」を冠にした製品が存在し、さらに、用語としても「ハイブリッド理論」、「ハイブリッド語」、「ハイブリッド放送」など、あらゆる分野で使われています。

●ハイブリッド木質材料

木質材料関係でも「ハイブリッド」という言葉がよく使われるようになってきています。木材同士の積層あるいは木材と金属など異種材料とを積層したハイブリッド材料が開発され、商品化されています。

木材同士のハイブリッド化材料

スギとベイマツとの木材同士のハイブリッド構造用異樹種集成材が、広島県の中国木材(株)で開発、製品化され「ハイブリッド・ビーム」という商品名で販売されています(日刊木材新聞　二〇〇四年十一月二七日付)。スギの軽くて作業しやすい粘り強さと、ベイマツの堅くて曲げや圧縮性能が高い両樹種の優れた点を融合させた構造用集成材です。ラミナ†は両樹種とも三〇㎜厚さで、構成は内層部にスギ、両外層部にベイマツと、曲げヤング係数の異なるラミナを積層していますが、構造用集成材の強度等級に適合しています。接着性能は使用1の品質規格で、ホルムアルデヒド放散量はF†☆☆☆☆基準に合格しています。

同社ではすでにベイマツと欧州アカマツ（レッドウッド）とを積層した構造用集成材も製造販売していますが、強度の低いラミナを生かして構造用集成材として適用出来るようにハイブリッド化したことが評価されています。

木材と他材料とのハイブリッド化

木材と他材料とを複合させた木質ハイブリッド建築材料の開発が種々検討されています。国土技術政策総合研究所では「木材活用低環境負荷建築構造技術の開発」と称して木質ハイブリッド材料の開発研究が行われていますので、ここでその開発研究の成果（総合技術開発プロジェクト 二〇〇四）について紹介しましょう。この開発研究が行われることになった背景は、木材を建築材料として使うことは建設時の二酸化炭素発生量が少なく、かつ木材が空気中の二酸化炭素を炭素として固定保存する炭素固定効果を有することから環境負荷の低減に効果的であるというコンセプトによるものです。ハイブリッド化の方法として「木質材料と他材料とを複合した木

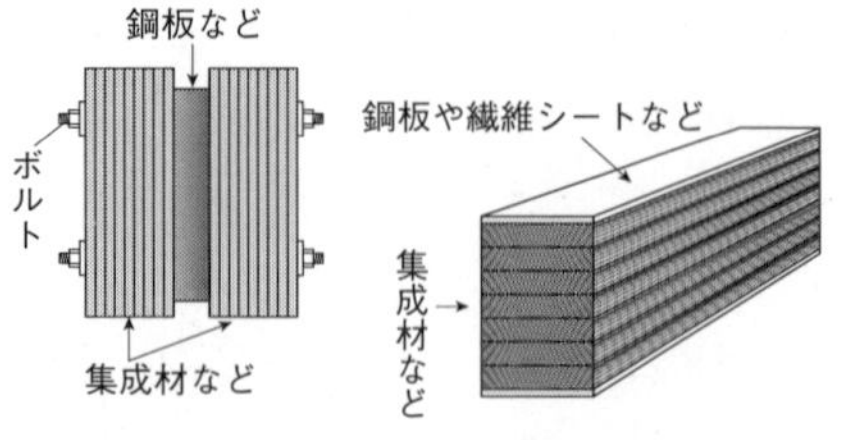

図２　木質ハイブリッド部材の例

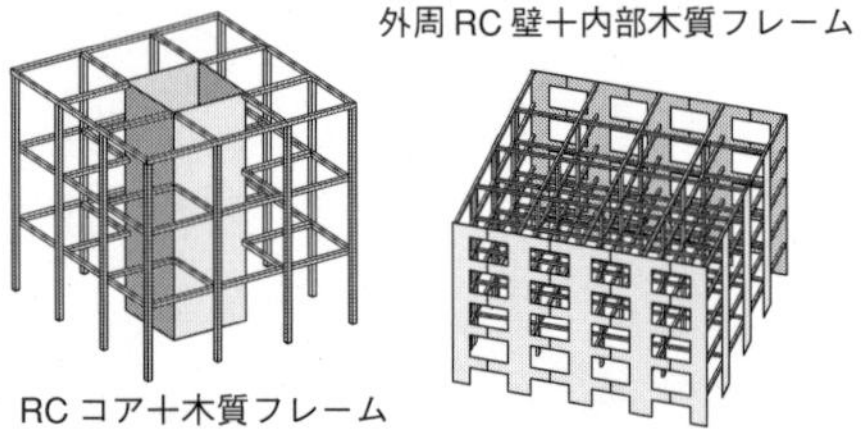

図３　木質ハイブリッド構造の例

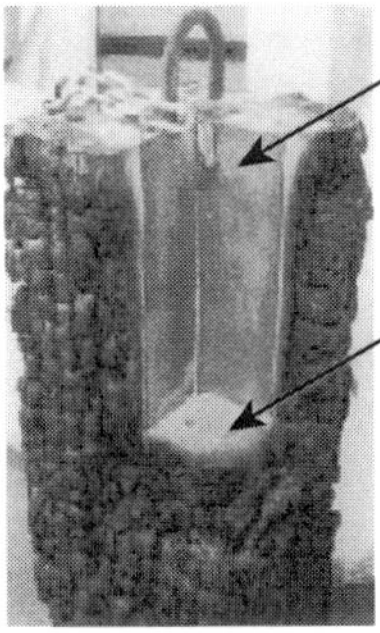

図4　鋼材を内包した集成材の燃えどまり状況

質ハイブリッド部材」と、「木造と他の構造を複合化した木質ハイブリッド構造」(図2・3)が考えられました。

木質ハイブリッド部材としては耐火部材の開発も行われました。木材を使用した柱、梁部材について「燃え止まり部材」と「被覆系部材」の二種類のハイブリッド部材が開発されて耐火性能が確認されました。燃え止まり部材は内部が鋼材で周囲に集成材等の木材を接着剤によって貼り付けた部材であり、木材が完全に燃え尽きることなく途中で「燃え止まる」ため、火災後の荷重支持能力を維持できるというものです(図4)(構造研究グループ 二〇〇五)。

この他橋梁部材として木材と鋼材やコンクリートを接着積層した木質ハイブリッド部材の開発、施工試験も行われています。その一例としては橋桁の軽量化をねらって集成材を鋼材で包んだ型のハイブリッド橋桁を用いて施工した橋(SW橋)が実用化されています。

このような構造材料などとは非常に異なったところでも木質系のハイブリッド材料があります。それは「木質バイオマス—合成高分子ハイブリッド材料を基体とする陽イオン交換樹脂」です(宮内ほか 二〇〇七)。ブナのおが屑をホスホン酸ジフェニールーホルムアルデヒド樹脂で化学修飾して、発煙硫酸処理に耐えられる「木質バイオマス—合成高分子複合体を合成して、これを基体とするスルホン酸基を有する強酸性陽イオン交換樹脂が得られました。ブナのおが屑を強化するのに必要なホスホン酸ジフェニル樹脂は原料の仕込み濃度で約一四%以上あれば十分であり、原料仕込み濃度で約七五%のブナおが屑を基体とするスルホン酸基を有する強酸性陽イオン交換樹脂を得ることができました。

このように、あらゆる分野でハイブリッド化が進んでいますが、木質分野でのハイブリッド化も今後さらに多様な応用が進むことでしょう。

（作野）

おもしろ木のあれこれ

実を食べるだけではない――カキノキ

カキノキといえばおいしい「甘柿」、「渋柿の干し柿」などと「木の実」を思いうかべるでしょう。それほどカキノキといえばわれわれの身近にたくさん植栽されている木で、ほとんどの人が知っている木です。しかし、カキノキはあまり寒いところも暑いところも苦手で、日本では北海道と沖縄を除く各地で栽培されていますが、栽培面積が多いのは和歌山県、奈良県、福岡県の順でどちらかといえば温暖なところを好むようです。この木を栽培するのはいずれも木の実の「柿」を採るためです。

カキノキはカキノキ科、カキノキ属の落葉広葉樹で、学名が「かき(kaki)」なのですが、これは1870年に日本から北アメリカに伝わって名づけられたとのことです。また、英語ではパーシモンといいますが、アメリカ東部の原住民アルゴンキン語族の言葉で「干し果物」を意味する「ペッサミン」が語源だといわれているそうです。

柿の実は多量のタンニンを含んでいるのが特徴で、渋柿のタンニンは可溶性で甘柿のタンニンは幼果期には同じく可溶性ですが、成熟の間に不溶化するため渋みがなくなります。

渋柿の渋の含有量が最も多くなる夏から初秋にかけて青い柿を採取して、果汁をしぼり出します。適当な濃度に調整して、雑菌処理をして発酵させたものを柿渋としてタンクで貯蔵します。雑菌処理をしなかった昔は、発酵すると柿渋特有の鼻をつく臭気が発生しました。

柿渋の用途は防水、防腐剤としてかつては紙衣、団扇、合羽、和傘、魚網、民間薬などとして利用される生活必需品でした。最近の用途としては塗料、染料、型紙加工、日本酒の清澄剤、民間薬などに幅広く利用されています。渋柿のタンニンは柿渋として日本では弥生時代から利用されていたということです。

世界中には約200種のカキノキがあるそうですが、その多くが熱帯から亜熱帯に生育していて、この地域では主に用材として木材が利用されています。心材は黒色で堅く緻密な散孔材で粘りがあって狂いも少なく、家具、器具、建築材等に使われます。熱帯産の黒檀もカキ属の一種で高級材として珍重されています。

（作野）

●用語解説（五十音順。各話中の初出箇所に†を付した）

行火（あんか）**：**火の着いた炭や炭団を入れて手足を温める器具。

エステル結合：R-COORで示される結合で、ポリ-3-ヒドロキシブチレートなど微生物の産出するポリマーなどの結合様式。

F☆☆☆☆基準：日本農林規格（JAS）に規定されている建築材料（合板、集成材、フローリング、単板積層材など）から放出されるホルムアルデヒド放散量の表示記号。☆印が多いほど放散量は少ない。F☆☆☆☆は放散量が最も少ない基準で、この基準値は平均値〇・三mg／L、最大値〇・四mg／Lとされている。

エンボス加工：①板類の表面に凹凸をつけること。②木目印刷あるいは印刷紙の表面に木材道管等の凹凸をつけること。③木材表面をブラシなどでこすり木目をきわだたせること。

活性酸素：活性酸素としてスーパーオキシドイオン（O^{2-}）、ヒドロキシルラジカル（HO˙）、過酸化水素（H_2O_2）、一重項酸素（$^1O_2$）などがあげられ、①栄養がエネルギーに変換されるとき、②有害微生物・ウイルスを排除しようとするとき、③化学物質が体内に入ったとき、④紫外線やX線が照射されたとき、などに生体内に発生する。最近の分子生物学や生化学などの研究から、人間が吸い込んだ酸素の、少なくとも2〜3％が、異常に酸化力の強い「活性酸素」に変化するといわれている。

確認可採埋蔵量：現在の技術・経済条件下で取り出すことができると推定される量。

環境汚染物質：合成高分子関係からの環境汚染物質としては、ダイオキシン、ベンゾピレン、ビスフェノールA、スチレンダイマーやトリマーなどがあげられる。

灌木（かんぼく）**：**高さ3メートル以下で、幹から多くの枝を出しているような木の総称。

木地（きじ）**作り：**漆器の木地（土台）をつくる工程。なお、土台には木、竹、布を漆で貼り重ねた乾漆（かんしつ）、紙をのりで貼り重ねた紙胎（したい）、最近ではプラスチックも使われる。木の樹種は日本各地で入手できるヒノキ、スギ、ヒバ、ケヤキ、トチ、ブナ、カツラなどである。琉球漆器ではインド原産のデイゴ（*Erythrina indica* マメ科）である。木地作りは方法で分けると、柱材をロクロで形作る挽物、板材を組み合わせて形作る指物、薄い板を曲げて形作る曲物、厚い板をノミで彫って形作る刳物、薄い帯状にした木を巻いて形作る巻物、薄く切りだした竹を編んで形作る藍胎がある。

ケミカルリサイクリング：樹脂を原料モノマーに戻して再利用する方法。

原子効率：反応に関係する全ての物質が、どれだけ最終物質に組み込まれたかを示す指標。

建築リサイクル法：二〇〇〇年（平成十二年）十一月二十三日に施行された「建設工事に係る資材の再資源化等に関する法律」。コンクリート、アスファルト、木材など特定資材を用いる建築物を解体する際に廃棄物を現場で分別し、資材ごとに再利用することを解体業者に義務づける法律である。

黒漆：クロメやナヤシ処理時に鉄粉や水酸化鉄を加え、酸化させて黒くした漆。

クロメ：ナヤシ処理済みの漆を四〇℃前後に加温して水分を蒸散させる処理。

グリコシド結合：セルロース、ヘミセルロース、アミロース、アミロペクチンなど主として植物が産出する多糖類の結合様式で、ヘミアセタール状の酸素を介した重合体。

後漢書：わが国の弥生時代に相当する後漢朝一代（西暦二十五〜二百二十年）のことを記述した正史。

後宮：古代中国で皇妃などの住む宮殿をいう。

里山：都市と自然の山の間にあって、人が利用している、あるいは利用してきた森林。

指物：箪笥、机、戸棚、家庭用品など、板を組み立てて作る木製品の総称。

三重点：気体・液体・固体の共存点。

資源のカスケード利用：より有効利用から段階的に低質利用すること。

下地作り：器や皿などを形作った木地の傷みやすい部分を補強して形を整える工程。無垢の木による木地よりも数段強くなるので、漆器具作りには不可欠な工程である。下地作り技法は本堅地と渋下地に大別される。

七輪：土で作った持ち運べる炊事用の炭火を使う炉。

照葉樹：温帯常緑広葉樹でカシに代表され、シイ、クス、ツバキ、モチ、サザンカなどの光沢のある葉をもつ樹木の総称。

森林の効用：①大気の浄化機能（二酸化炭素や大気汚染物質の吸収作用）、②土壌の保護機能（土砂崩れなどの災害予防作用）、③保水機能（洪水の予防作用）、④気象緩和機能（葉面からの蒸発潜熱による周辺温度の低下作用・直接太陽光の遮蔽作用）、⑤生物の保護・育成機能、⑥物質生産（木材の生産）、⑦エネルギーの貯蔵機能

象嵌細工：工芸技法の一つで象は「かたどる」、嵌は「はめる」という意味があり、一つの素材に異質の素材を嵌め込む細工で金工象嵌、木工象嵌、陶象嵌などがある。様々な色調の木材を嵌め合わせて絵の板を造り、それをカンナで薄く削って和紙に貼り付けたものを寄せ木細工の技法の一つで「木象嵌」と呼ばれている。

ソフトバイオマス：リグニン含量が六〜一三％程度と低い草本類の総称。

中常侍：天子の下問について上奏する役柄であり、後漢時代では宦官のみに任命され、宦官最高位の職種である。

長楽太僕：中常侍より上位の九卿（九人の大臣）の一人であり、皇太后の行列を司る役職。

頂端分裂組織：樹木の最先端部分の組織で、この部分の細胞は下方に新しい細胞を分裂しながら、自分自身は上方へ押し上げられて行く。

沈金：上塗りした漆器具などの表面に彫刻刀のような小さな刃物で文様や絵を彫り込む。次に、彫り込んだミゾに漆を刷り込み、これが乾く前に金や銀の箔や粉末、顔料などを埋め込む。さらに、文様や絵の上から漆を薄く塗って刷り込んだ粉末や顔料を固定して仕上げる技法である。なお、沈金は細かな技法の違いで、蒟醤、存星、彫漆などに細分される。

ダイオキシン：ポリ塩化ジベンゾダイオキシンの略称。除草剤や殺菌剤の製造過程の副産物として、またポリ塩化ビニルなどの有機塩素化合物の焼却処理過程で発生し、七五種類の異性体をもつダイオキシンの毒性（一般毒性・発ガン性・生殖毒性など）が問題となっており厳しく規制されている。ネズミの半数致死量で示

される一般毒性は、ダイオキシンのなかで最も毒性の強いものでサリンの一七倍、青酸カリ(致死量：〇・一五グラム)の一七〇〇倍程度と言われる。

タンニン：二〇一頁参照。

トロロアオイ(黄蜀葵)：ユキノシタ科ギンドイ属。

流し抄き：簾桁を振動させながら長繊維を簾の上に沈着させて薄い湿紙層を抄造し、上澄みを捨てる操作を数回繰り返して湿紙を重ねてるようにして抄紙する技法。

ナヤシ：漆液をよく混和して保有成分を均一にする処理。

日本書紀：神代から持統天皇の代の終わり(六九七年)までを記録した官撰の史書。全三〇巻。

日本文化財漆協会：日本産漆の普及のために樹の植栽、漆の採取、精製を行っている団体。港区赤坂に所在。

塗り：下塗り、中塗り、上塗りからなる漆器作りの仕上げの工程。下塗りは精製した黒漆を塗布、乾燥そして、炭で水研ぎして塗装表面を整えるまでの作業、中塗りは下塗りしたものに精製した黒漆をもう一度塗布して乾燥後、水をつけた炭で塗面を研ぎあげる作業、そして、上塗りは透漆、黒漆、朱漆など目的の色の漆を塗って仕上げる作業である。この工程は蒔絵や沈金などの装飾をほどこす加飾工程とも密接に関係している。

熱可塑性プラスチックス：ポリエチレン、ポリ塩化ビニル、ポリプロピレン、ポリスチレンなどの熱軟化性・熱熔融性の合成高分子材料。

ノリウツギ(糊空木)：ユキノシタ科アジサイ属。

蒔絵(まきえ)：上塗りした漆器表面に漆をしみ込ませた筆などで文様や絵を描き、これが乾く前に金や銀の箔や粉末を貼り付けたり、蒔(ま)いて文様や絵を定着させる。続いて、描いた文様や絵の上に漆を薄く塗って箔や粉末を固定する。これを乾燥後、砥石で仕上げ研磨をするまでの作業である。この作業を平蒔絵と呼ぶが、これは細かな技法の違いによって、高蒔絵、研ぎ出し蒔絵、箔絵・切り箔、漆絵と細分する。

パーティクルボード：木材の小片を接着剤と混合して熱圧成型した木質ボードの一種。

バレル：ヤード・ポンド法の体積の単位で、元来はタル(樽)を意味しており標準のタルに入る液体の量をさす。量るものの種類によっていくつかの大きさがあり、一バレルは三一・五米ガロン(約一一五・六三リットル）または三六八英ガロン（約一六二・五リットル）のものが用いられるが、石油に用いられるものは四二米ガロン、すなわち一五八・九九リットルである。

ヒガンバナ（彼岸花）**：**ヒガンバナ科。

備長炭（びんちょうたん）**：**ウバメガシをはじめ樫類の原木を八〇〇℃以上の高温で焼成した木炭（白炭）の一種で、非常に堅い炭で叩くと金属音がする。この炭を紀伊の国田辺の商人「備中屋長左エ門（備長）」が販売したことに由来した名称であるといわれている。

ペレット用ストーブ・ボイラーの改善：一九八〇年代前までの熱効率は五〇～七〇％、新型ボイラーでは八五～九〇％に向上している。

萌芽（ぼうが）**：**草木の芽が萌え出ること。伐採された広葉樹の根株からびっしりと休眠していた芽が出て生育すること。

ポリフェノール（多価フェノール）**：**ベンゼン環に2コ以上の水酸基（フェノール性水酸基）を持つ化合物の総称であり、m-置換体（レゾルシノール核・フロログルシノール核）の求核性はo-置換体（カテコール核・ピロガロール核）より高く、またo-置換体はキレート化合物形成能をもつ。

木本類：木質組織の発達した多年生植物（対語：草本類）

ゆらぎ（1／fゆらぎ）**：**自然現象である風の音、小川のせせらぎ、心臓の鼓動や木の年輪、草の細胞、リラックスしたときの脳波などの生理現象の中で、一見無規則にみえるなかに固有のリズムがあることを見出している。これが「1／fゆらぎ」で変動の度合いに反比例するような成分からなっている「ゆらぎ（量の平均値まわりの散らばり）」であり人間にやすらぎをもたらす。（武者利光　一九九八）

螺鈿（らでん）**：**夜光貝や鮑貝（あわびがい）の貝殻を一㎜ほどの薄い板状物を切り出し、これから文様や絵の形の貝薄片を切り取り、この貝薄片を漆塗り製品に貼り付ける技法である。貝殻を貼り付け方法で二分する。製品の表面に塗られた漆層を貝薄片の厚さまで彫り下げ、ここに貝薄片をはめこむ彫り込法と、下地塗りの漆の上に貝薄片を貼り付けた後、漆を塗り重ねて貝薄片を埋め込む塗り込み法である。この技法は日本だけでなく、韓国、中国、台湾、ベトナム、タイなどでも盛んである。

ラミナ：集成材の製造用に調整された挽板。

和帝（わてい）**：**後漢第四代の皇帝。

●文　献

間　邦彦(二〇〇〇)『紙とインキとリサイクル』、丸善。

秋久俊博ほか編(二〇〇二)『資源天然物化学』、共立出版。

宍倉佐敏(二〇〇六)『和紙の歴史―製法と原材料の変遷―』、印刷朝陽会。

アナスタス・P・Tほか、渡辺　正ほか訳(一九九九)『グリーンケミストリー』(Green chemistry: Theory and practice)、丸善。

阿部　勲(一九九七)「樹木系フェノールポリマーとエコテクノロジー」、三重大学生物資源学部演習林報告第21号。

阿部　勲ほか編(一九九八)『木材科学講座1 概論―森林資源とその利用』、海青社。

Abe, I., *et al.* (1987) : "IV Biomass inventory and pelletizing properties of wood biomass", SPEY 25 (エネルギー特別研究；文部省科学研究費補助金研究成果報告書) 一二一頁。

荒川浩和(二〇〇六)『すがり、漆と香の道具』、淡交社会。

市川健夫(一九八七)『ブナ帯と日本人』、講談社。

今村博之ほか編(一九八三)『木材利用の化学』、共立出版。

㈳伊那谷森林バイオマス利用研究会編(二〇〇三)『森林バイオマス』、川辺書林。

井上嘉幸(一九六九)『木材保護化学』、内田老舗新社。

上村　武(一九八四)『シリーズ木の文化① 樹の事典』、朝日新聞社編、一一四頁、朝日新聞社。

海と渚環境美化機構(マリンブルー21)(二〇〇三)『森が育てる豊かな海』。

梅田達也(二〇〇一)『植物のくれた宝物―ポリフェノールの不思議な力―』、三九頁、研成社。

梅原　猛ほか(一九八五)『ブナ帯文化』、思索社。

遠藤　展（一九九三）「木質系廃棄物の粉砕技術の現状について」、日本木材学会北海道支部第24回研究会。

遠藤貴士ほか（二〇〇七）「セルロース系原料のバイオ燃料化に向けた取組み」、資源環境対策（新エネルギー最前線Ⅴバイオマスエネルギー）、43（8）、八〇頁、環境コミュニケーション。

奥山　剛（二〇〇五）「熱帯林人工林の利用と研究の必然性」、木材学会誌 51。

大橋英雄（二〇〇二）『樹木の顔—樹木抽出成分の効用と利用』、中坪文明 編、二七九頁、海青社。

大場秀章ほか（二〇〇四）『絵でわかる植物の世界』、講談社サイエンティフィク。

Ohashi, H. *et al.* (1991) Characterization of physiological function of sapwood. *Holzforschung*, 45: 245.

大澤一登編（二〇〇三）『日本の原点シリーズ 木の文化1　杉』、新建新聞社出版部。

大畑純二ほか（二〇〇五）「三瓶小豆原埋没林　よみがえる縄文時代のタイムカプセル」、島根県立三瓶自然館サヒメル。

学習研究社（二〇〇四）「週刊日本の樹木 No.28」。

加藤亮助（一九九五）「熱帯樹種の造林特性（5）マンギウム」、熱帯林業 No.34。

門屋　卓 編著（二〇〇一）『新しい紙の機能と工学』、裳華房。

Kawamura, F. *et al.* (2000) Lignans causing photodiscoloration of Tsuga heterophylla. *Phyochemistry*, 54:439.

榊原　彰（一九八三）『木材の秘密—リグニンの不思議な世界』、ダイアモンド社。

近藤次郎（一九九三）『地球時代の新しい環境観と社会（エッソ石油創立30周年記念シンポジウム）』、エッソ石油広報部。

川瀬　清（一九九一）『森からのおくりもの—林産物の脇役たち』、北海道大学図書刊行会。

河村哲也（一九九八）『環境科学入門—地球環境問題と環境シュミレーションの基礎—』、インデックス出版。

北村四郎ほか（一九六八）『原色日本樹木図鑑』、保育社。

木村陽二郎 監（二〇〇五）『花と樹の事典』、柏書房。

吉良竜夫（二〇〇一）『森林の環境・森林と環境』、新思索社。

久馬一剛ほか編（二〇〇〇）『土壌の事典』、四二三頁、朝倉書店。

Geissman, T. A. *et al.* (1969) "Organic chemistry of secondary plant metabolism", Freeman, Cooper & Company.

構造研究グループ（二〇〇五）「複合建築構造技術の開発委員会報告書」、国土技術政策総合研究所。

国際農林水産業研究センター編（一九九六）『アジアの伝統食品―東南アジア地域を中心に』、農林統計協会。

越島哲夫ほか（一九七三）『基礎木材工学』、六六頁、フタバ書店。

古代出雲歴史博物館（二〇〇七）『なぞとふしぎの古代出雲』、島根県立古代出雲歴史博物館。

後藤元信（一九九九）「超臨界流体中での廃プラスチックのモノマー化」、化学54、六四頁。

小林好紀（一九九八）『木材百科』、一〇四頁、秋田県木材加工推進機構。

古前　恒監修（一九九六）『化学生態学への招待』、三共出版。

駒見嶺穆（二〇〇二）『植物が未来を拓く』、共立出版。

小宮英俊（一九九二）『紙の文化誌』、丸善。

小原二郎（一九七五）『木の文化』、鹿島出版会。

佐伯　浩（一九八二）『走査電子顕微鏡図説　木材の構造　国産材から輸入材まで』、四二頁、日本林業技術協会。

坂　志朗ほか（二〇〇五）「超臨界流体技術による木質バイオマスの利活用」、木材学会誌51、二〇七頁。

作野友康ほか編（二〇〇五）『ものづくり木のおもしろ実験』、七八頁、海青社。

作野友康（二〇〇三）「調湿機能をもつ断熱ボードの開発」、鳥取木工研 №28、四頁。

作野友康ほか（二〇〇六）「木炭入りスギチップボードを利用した畳床芯材の開発」、一三一頁、日本木材学会大会発表要旨集。

佐竹義輔（一九六四）『植物の分類―基礎と方法』、第一法規出版。

佐竹元吉（二〇〇六）『薬用植物・生薬の開発』、シーエムシー出版。

佐藤大七郎ほか編（一九七八）『樹木―形態と機能』、文永堂。

佐道 健(一九九〇)『木を学ぶ 木に学ぶ』、三六頁、海青社。

塩倉高義(一九九八)『木材科学講座1 概論―森林資源とその利用』、阿部勲ほか編、七三頁、海青社。

柴田桂太編(一九八九)『資源植物事典(増補改訂版)』、北隆館。

柴田承二編(一九七八)『生物活性天然物質』、医歯薬出版。

篠村昭二(一九七六)『鳥取教育百年史余話 上』、県政新聞社。

清水晶子(二〇〇四)『絵でわかる植物の世界』、大場秀章 監修、講談社サイエンティフィク。

荘司菊雄(二〇〇一)『においのはなし―アロマテラピー・精油・健康を科学する』、技報堂出版。

白石信夫(一九九三)「熱可塑性木材―合成樹脂木材複合体」、『木材の科学と利用技術Ⅲ―3スーパーウッド』、七〇頁、日本木材学会。

総合技術開発プロジェクト(二〇〇四)「木材活用低環境負荷建築構造技術の開発報告書」、国土技術政策総合研究所。

高橋 徹ほか編(一九九五)『木材科学講座3 物理 第2版』、九八頁、海青社。

高橋敏広ほか編(二〇〇四)『週刊日本の樹木 第3巻』、学習研究社。

高橋敏広ほか編(二〇〇四)『週刊日本の樹木 24巻』、学習研究社。

ティスランド・Rほか、高山林太郎 訳(二〇〇二)『精油の安全性ガイド 上巻』、フレグランスジャーナル社。

テイツ・Lほか、西谷和彦ほか訳(二〇〇四)『テイツ・ザイガー 植物生理学』、培風館。

竹内淳子(一九九五)『草木布Ⅰ・Ⅱ』、法政大学出版局。

多田多恵子(二〇〇二)『したたかな植物たち―あの手この手の丸秘大作戦』、エスシーシー。

只木良也ほか(一九六八)『森林生態系とその物質生産―わかりやすい林業解説シリーズ29』、林業科学技術振興所。

田中 治ほか編(二〇〇二)『天然物化学』、南江堂。

トーセル・K・B・G、野副重男ほか訳(一九八九)『天然物化学―生合成反応の機構』、講談社サイエンティフィク。

トーマス・P、熊崎 実ほか訳(二〇〇一)『樹木学』、築地書館。

中里寿克(二〇〇三)『すぐわかるうるし塗りの見わけ方』、東京美術。

西岡常一(一九九六)『木に学べ　法隆寺・薬師寺の美』、一〇頁、小学館。

西岡常一ほか(一九七八)『法隆寺を支えた木』、日本放送協会。

長原慶二(二〇〇四)『苧麻・絹・木綿の社会史』、吉川弘文館。

長崎福三(一九九八)『システムとしての〈森―川―海〉』、農林漁村文化協会。

長澤寛道(二〇〇八)『生物有機化学―生物活性物質を中心に』、東京化学同人。

長尾照義(一九八七)『新植物をつくる―細胞融合入門』、丸善。

日経新聞社(一九九六)「日経サイエンス」、8月号。

日本アロマテラピー協会 監修(二〇〇四)『アロマテラピーの資格をとるための本』、双葉社。

日本エネルギー経済研究所 計量分析ユニット編「ＥＤＭＣ'09（エネルギー・経済統計要覧２００９年版）」、省エネルギーセンター。

日本エネルギー学会 編(二〇〇二)『バイオマスハンドブック』、第1部バイオマスの組成と資源量、オーム社。

日本材料学会木質材料部門委員会 編(一九八二)『木材工学辞典』、泰流社。

日本木材学会 編(一九九五)『すばらしい木の世界』、八四頁、海青社。

野田　巌(一九九五)『九州におけるモリシマアカシア資源の利用計画システムの確立』、新需要創出のための生物機能の開発・利用技術の開発に関する総合研究　平成6年度研究報告書、農林水産事務局編。

農林統計協会(二〇〇三)「平成14年度図説森林・林業白書」。

Herbert, R. H. (1989) "The biosynthesis of secondary metabolites" Chapman & Hall.

畑中顕和(二〇〇五)『みどりの香り―植物の偉大なる智恵』、丸善。

パニク・Ｆ・Ｈ(一九九五)『熱帯性天然素材の工業利用と持続可能な開発』、コーズリレーディッド・マーケティング・フォーラム、富士総合研究所主宰。

バイオマス・ニッポン総合戦略推進会議(二〇〇七)「バイオ燃料先進国への道程―国産バイオ燃料の大幅な生産拡大に向けて―」。

林　孝三編(一九九一)『増訂 植物色素―実験・研究への手引き』、養賢堂。

原口隆英ほか(一九八五)『木材の化学』、文永堂。

樋口隆昌(一九九二)『木質生化学』、文永堂。

平嶋義宏(一九九四)『生物学名命名法辞典』、平凡社。

深澤和三(一九九七)『樹体の解剖―しくみから働きを探る』、海青社。

藤森　進ほか(一九九五)『緑茶カテキンの凄い健康パワー』、二見書房。

林　弥栄(一九六九)『有用樹木図説、材木編』、誠文堂新光社。

ベイカー・H、福田一郎ほか訳(一九七五)『植物と文明』、東京大学出版会。

ベイリー・L・H、八坂書房編集部訳(一九九六)『植物の名前のつけかた―植物学名入門』、八坂書房。

北海道法を考える会編(一九九七)『わが国における木材加水分解工業―北海道木材化学株式会社の記録―』、エフ・コピント富士書院。

北海道水産林務部 編(二〇〇七)『平成18年度北海道林業統計』、北海道水産林務部。

北海道立林産試験場研究成果普及推進会議 編(二〇〇五)『カラマツ活用ハンドブック』。

牧野富太郎(一九六九)『牧野新日本植物図鑑』、北隆館。

増田芳雄 監修(二〇〇七)『絵とき植物生理学入門』、オーム社。

増田　稔(一九八九)『もくざいと科学』、日本木材学会編、四六頁、海青社。

松永勝彦(一九九七)『森が消えれば海も死ぬ』、講談社。

宮内俊幸ほか(二〇〇七)「木質バイオマス―合成高分子ハイブリッド材料を基体とする陽イオン交換樹脂の合成とその特性」、分析化学 56 (1)、九頁。

武者利光（一九九八）『ゆらぎの発想（1／fゆらぎの謎にせまる）』、日本放送出版協会。

室瀬和美（二〇〇二）『漆の文化、受け継がれる日本の美』、角川書店。

光永　徹（一九九六）「ピラン環の開環による縮合型タンニン分子構造の修飾」、三重大学生物資源学部演習林報告第20号。

木材活用事典編集委員会（一九九四）『木材活用事典』、六八頁、産業調査会。

元木澤文昭（一九九八）『においの科学』、理工学社。

本宮達也（一九九九）『ハイテク繊維の世界』、日刊工業新聞社。

矢田貝光克ほか（二〇〇三）『アロマサイエンス21 (4)香りと環境』、フレグナンスジャーナル社。

山本幸一（一九九八）「アカシアマンギウム造林木の材質」、木材工業53。

柳沼武彦（一九九九）『森はすべて魚つき林』、一五六頁、北斗出版。

山崎青樹（一九九五）『草木染染料植物図鑑』、美術出版社。

山崎青樹（一九九五）『続 草木染染料植物図鑑』、美術出版社。

山崎青樹（二〇〇〇）『続々 草木染染料植物図鑑』、美術出版社。

山崎和樹（二〇〇〇）『草木染、四季の自然を染める』、山と渓谷社。

山崎幹夫ほか編（一九九七）『薬学教科書シリーズ―薬用資源学』、丸善。

山崎幹夫ほか編（二〇〇〇）『薬用資源学』、丸善。

林野庁編（二〇〇七）『森林・林業統計要覧』、林野弘済会。

渡辺治人（一九七八）『木材理学総論』、農林出版。

あとがき

＊　＊　＊

木質が改めて注目を集めている今、本書『木の魅力』を刊行できることを著者らはすなおに喜び、感謝いたしております。

著者らが本書を書くことを決めたのは一九九八年の春、海青社の『木材科学講座1　概論―資源とその利用』が刊行された頃でした。この巻の執筆者の一人であった大橋が、編著者である阿部勲、作野友康両先生、発行者の宮内久さんの三方に第四十八回日本木材学会大会の静岡会場で遭遇し、このシリーズ本刊行のご苦労をねぎらった折に、「木材科学の学徒だけでなく、広く、一般の皆さんにも、木材科学の話題を提供しましょう」と提案したところ、その場で、皆さん方に賛同していただいたことが発端であったと記憶しています。

記憶していますと言わざるを得ないほど、本書刊行にいたるまでには予想以上の時間がかかりました。この遅れは阿部、作野両先生がそれぞれ、大学において要職につかれていてご多忙であったこと、続いて、次々にご定年を迎えられたこと、そして、大橋も病にとりつかれ、元気を失っていたことなどがあったためです。しかし、著者らは当初の想いを切らすことなく、刊行にこぎつけた次第です。

本書の原稿は木材科学に関わる三名それぞれが、いろいろな折、場、相手に語ったり、書いたことが元になっています。それぞれの話は内容を現時点の最新の状況や知見に照らして書き改めるようなことは、あえてしませんでした。したがって、話によっては、今では内容が古くなったり、不十分で、言葉足らずになっていることもありますが、読者の皆さんにはご容赦いただきますようお願い申し上げます。読者の皆さんが木質、木材、樹木、さらにはこれらを取り巻く背景について理解していただく、理解し直していただく、あるいは知識を深めていただくなどであればと願うものです。

最後に、本書は海青社の宮内久さんの寛容と理解があって日の目を見ました。感謝し、お礼申し上げます。

二〇〇九年中秋、岐阜にて記す。

大橋　英雄

本書の執筆を計画してから数年が経過する間に社会情勢が激動し、地球温暖化防止対策、資源の有効利用方法などについて、私どもの日常においても十分な配慮をしなければならない状況になってきました。そういった背景のもとに、長年国立大学で森林と木材に関連する分野の教育と研究に従事してきた三人の筆者がそれぞれ万感の思いを込めて執筆し、ようやく本書を出版することができましたことは誠に感慨深い思いであります。

＊　＊　＊

出版までに数年を要したのは、巻頭に阿部先生が書かれているように「もったいない精神」という理念の共通認識は十分にお互いが理解しつつも、各筆者が自由な形式でしかも私見を加えながら執筆するということでしたので、それぞれの思いが交錯してなかなか集約できませんでした。やはり、一貫したストーリーがなく、各話題が独立しているとはいえ何らかのまとまりがなければならないのではないかということで、執筆中に何回も討議を重ねましたが、なかなかまとまらないまま個人的な事情も重なったりして時間が経過してしまいました。

このような事情で出版が遅れたのですが、筆者の一人として本書がとてもユニークでこれまでにない内容になっていて、読者の皆様には新しい感覚で気軽に読んでいただけるのではないかと思っております。また、私自身はできるだけ身近な話題を盛り込んだローカル色の強いもので、しかも自身の体験などをふんだんに加えて執筆いたしました。各項目はそれぞれ独立していて、どこから読んでいただいても読み切りですので、目について興味を持たれたところから読んでいただきたいと思います。

本書の出版までの経緯については三人がそれぞれ記述しましたが、何といっても三人の執筆者の森林とその主産物である木材およびそれにまつわる関心の深さと愛着が、執念を貫いて出版までこぎつけることができたもの思っています。そしてその間、常にリーダーシップを発揮してまとめていただいた阿部先生と在職中の大橋先生が公務多忙の中を精力的に執筆されましたことに感謝し、執筆の遅い私をお二人が支えていただいたことに深謝いたします。また、出版を断念しそうな執筆者に陰日向になって苦慮しながら、根気よく編集にご努力いただき、出版にこぎつけていただいた海青社の宮内久社長、ならびに福井将人氏に心よりお礼申し上げます。

二〇〇九年秋、鳥取にて。

作野　友康

●執筆者紹介：

阿部　勲（ABE Isao）

1934年　北海道生まれ

1956年　北海道大学農学部卒業

北海道立林産試験場成分利用科主任、同接着科長、三重大学農学部助教授、三重大学生物資源学部教授を経て現在、三重大学名誉教授。農学博士。

専門は木質資源化学、特に天然・合成フェノール系高分子の化学。

主な著書：『木材工業事典』（分担）1982、工業出版。『リグニン化学研究法』（分担）1994、ユニ出版。『木材科学講座4 化学』（分担）1997、海青社。『木材科学講座１概論 ― 森林資源とその利用』（編著）1998、海青社。

大橋　英雄（OHASHI Hideo）

1944年　愛知県生まれ。

1968年　岐阜大学大学院農学研究科修士課程修了。

現在、岐阜大学教授。農学博士。

専門は細胞成分利用学、特に植物抽出成分の化学および生理化学的研究。

主な著書：『樹木抽出成分の利用』（分担）1991、日本木材学会。『木質分子生物学』（分担）1994、文永堂。『木材科学講座5 環境』（分担）1995、海青社。『木材科学講座１概論 ― 森林資源とその利用』（分担）1998、海青社。『樹木の顔 ― 樹木抽出成分の効用と利用』（分担）2002、海青社。

作野　友康（SAKUNO Tomoyasu）

1939年　島根県生まれ

1962年　鳥取大学農学部卒業

鳥取大学助教授、鳥取大学教授、定年退職後 鳥取大学産官学連携コーディネーターを経て、現在 鳥取大学名誉教授。農学博士。

専門は木質材料学、森林科学、環境・リサイクル。

主な著書：『木材科学講座1 概論 ― 森林資源とその利用』（編著）1998、海青社。『木材科学講座８木質資源材料』（編著）1999、海青社。『ものづくり木のおもしろ実験』（編著）2005、海青社。『木材接着の科学』（編著）2010、海青社。

英文タイトル
Fantastic Science of Wood

きのみりょく
木の魅力

発 行 日 ———— 2010 年 3 月 17 日　初版第 1 刷
定　　価 ———— カバーに表示してあります
著　　者 ———— 阿 部　　勲 ©
大 橋 英 雄
作 野 友 康
発 行 者 ———— 宮 内　　久

海青社
Kaiseisha Press
〒520-0112 大津市日吉台 2 丁目 16-4
Tel. (077)577-2677 Fax. (077)577-2688
http://www.kaiseisha-press.ne.jp
郵便振替 01090-1-17991

● Copyright © 2010 ABE, I., OHASHI, H. & SAKUNO, T. ● Printed in JAPAN
● ISBN978-4-86099-220-0 C0060 ● 乱丁落丁はお取り替えいたします

海青社の本・好評発売中

木の文化と科学
伊東隆夫 編
〔ISBN978-4-86099-225-5／四六判・218頁・1,890円〕
遺跡、仏像彫刻、古建築といった「木の文化」に関わる三つの主要なテーマについて、研究者・伝統工芸士・仏師・棟梁など木に関わる専門家による同名のシンポジウムを基に最近の話題を含めて網羅的に編纂した。

ものづくり 木のおもしろ実験
作野友康・田中千秋・山下晃功・番匠谷薫 編
〔ISBN978-4-86099-205-7／A5判・107頁・1,470円〕
イラストで木のものづくりと木の科学をわかりやすく解説。木工の技や木の性質を手軽な実習・実験で楽しめるように編集。循環型社会の構築に欠くことのできない資源でもある「木」を体験的に学ぶことができます。木工体験のできる104施設も紹介。

木育のすすめ
山下晃功・原　知子 著
〔ISBN978-4-86099-238-5／四六判・142頁・1,380円〕
「食育」とともに「木育」は、林野庁の「木づかい運動」、新事業「木育」、また日本木材学会円卓会議の「木づかいのススメ」の提言のように国民運動として大きく広がっている。さまざまなシーンで「木育」を実践する著者が知見と展望を語る。

森をとりもどすために
林　隆久 編
〔ISBN978-4-86099-245-3／四六判・102頁・1,100円〕
森林の再生には、植物の生態や自然環境にかかわる様々な研究分野の知を構造化・組織化する作業が要求される。新たな知の融合の形としての生存基盤科学の構築を目指す京都大学生存基盤科学研究ユニットによる取り組みを紹介。

住まいとシロアリ
今村祐嗣・角田邦夫・吉村剛 編
〔SBN978-4-906165-84-1／四六判・174頁・1,554円〕
シロアリという生物についての知識と、住まいの被害防除の現状と将来についての理解を深める格好の図書であることを確信し、広範囲の方々に本書を推薦する。(高橋旨象／京都大学名誉教授・(社)しろあり対策協会会長)

桐で創る低炭素社会
黒岩陽一郎 著
〔ISBN978-4-86099-235-4／B5判・100頁・2,500円〕
早生樹「桐」が、家具・工芸品としての用途だけでなく、防火扉や壁材といった住宅建材として利用されることで、荒れ放題の日本の森林・林業を救い、低炭素社会を創る素材のエースとなりうると確信する著者が、期待を込め熱く語る。

木材接着の科学
作野友康・高谷政広・梅村研二・藤井一郎 編
〔ISBN978-4-86099-206-4／A5判・211頁・2,520円〕
木材の接着に関する知識と情報を総合的にまとめた一冊。木材接着の基礎から、木材接着の工程と影響する因子、木材接着とVOC放散などの環境・健康問題、廃材処理・再資源化まで、産官学の各界で活躍中の専門家が解説。

生物系のための 構造力学
竹村冨男 著
〔ISBN978-4-86099-243-9／B5判・315頁・4,200円〕
材料力学の初歩、トラス・ラーメン・半剛節骨組の構造解析、および Excel による計算機プログラミングを解説。また、本文中で用いた計算例の構造解析プログラム(マクロ)は、実行・改変できる形式で添付のCDに収録した。

地図で読み解く 日本の地域変貌
平岡昭利 編
〔ISBN978-4-86099-241-5／B5判・333頁・3,200円〕
古い地形図と現在の地形図の「時の断面」を比較することにより、地域がどのように変貌してきたのかを視覚的にとらえる。全国で111カ所を選定し、それぞれの地域に深くかかわってきた研究者が解説。「考える地理」への基本的な書物として好適。

近世庶民の日常食 百姓は米を食べられなかったか
有薗正一郎 著
〔ISBN978-4-86099-231-6／A5判・219頁・1,890円〕
近世に生きた我々の先祖たちは、住む土地で穫れる食材群をうまく組み合わせて食べる「地産地消」の賢い暮らしをしていた。近世の史資料からごく普通の人々の日常食を考証し、各地域の持つ固有の性格を明らかにする。

離島研究（Ⅰ～Ⅲ集）
平岡昭利 編著
〔B5判・Ⅰ・Ⅱ集：2,940円、Ⅲ集：3,675円〕
島は超歴史的に停滞している地域ではなく、海運の時代には多くの島は先進地域であった。地域の特性と結びつき、個々の産業、生活行動などから、多様性をもつ現代の島々の姿を地理学的アプローチにより明らかにする。

＊表示価格は5％の消費税を含んでいます。